Web 前端技术

舒 后 编著

电子工业出版社

Publishing House of Electronics Industry

北京·BEIJING

内 容 简 介

本书全面、系统地介绍了网页设计的核心技术——HTML、CSS 和 JavaScript，侧重于基础理论和实际运用，并结合技术的最新前沿知识。主要内容包括：网页设计基础知识；HTML 的使用及 HTML5 新标签的介绍；CSS 基础和应用、CSS3.0 新特征的使用；JavaScript 脚本编程；本书的最后 1 章介绍 Web 前端设计的新技术——响应式网页及目前流行的用于实现响应式网页设计的 Bootstrap 前端框架的使用，通过案例详叙了基于 Bootstrap 框架的响应式网站的设计与开发的完整实现过程。

本书以"讲清语法、学以致用"为指导思想，不仅着重介绍每个技术点的语法，更侧重通过具体小实例来达到学以致用的目的。本书作者结合多年讲授这门课程的教学经验，合理地组织教材内容，做到内容紧凑、实践性强并结合技术的前沿知识。

本书既可作为高等院校数字媒体技术、计算机技术等相关专业的教学用书，也可作为广大对网站技术，尤其是网页前端技术感兴趣的读者的参考读物。

图书在版编目（CIP）数据

Web 前端技术 / 舒后编著. —北京：电子工业出版社，2016.9

ISBN 978-7-121-29732-8

Ⅰ. ①W⋯　Ⅱ. ①舒⋯　Ⅲ. ①网页制作工具—程序设计　Ⅳ. ①TP393.092.2

中国版本图书馆 CIP 数据核字（2016）第 200130 号

策划编辑：宋　梅
责任编辑：底　波
印　　刷：北京捷迅佳彩印刷有限公司
装　　订：北京捷迅佳彩印刷有限公司
出版发行：电子工业出版社
　　　　　北京市海淀区万寿路 173 信箱　邮编　100036
开　　本：787×1 092　1/16　印张：20.75　字数：531 千字
版　　次：2016 年 9 月第 1 版
印　　次：2021 年 1 月第 6 次印刷
定　　价：58.00 元

凡所购买电子工业出版社图书有缺损问题，请向购买书店调换。若书店售缺，请与本社发行部联系，联系及邮购电话：（010）88254888，88258888。

质量投诉请发邮件至 zlts@phei.com.cn，盗版侵权举报请发邮件至 dbqq@phei.com.cn。

本书咨询联系方式：mariams@phei.com.cn。

前　　言

随着互联网的飞速发展，WWW 已成为最重要的信息传播手段，通过网页就可以与浏览者进行信息共享和沟通，甚至产生互动。不管是个人用户，还是企事业单位，均可创建自己的网站来达到宣传自己或进行网上交流等目的，而网页设计是建立网站的必备技能。

目前，很多高校都开设了网页前端技术的相关课程，涉及数字媒体技术专业、计算机及应用专业等。本人多年从事该领域的教学工作，感到有必要在课程内容的基础上编写更合理、论述深入浅出、实践性强的教材，故策划了本书的编写主题。

HTML+CSS+JavaScript 是网页设计的三大基础，也是网页前端技术的核心及关键，同时也是本书的重点部分。本书较为全面讲解 HTML、CSS、JavaScript 的基本语法，以 HTML4 和 CSS2.0 为基础来介绍语法和具体应用，并结合最新技术标准即 HTML5 和 CSS3.0 的新特征。本书的一大特色是引入网页前端技术的最新前沿即响应式网页设计，介绍当前最为流行的前端设计框架——Bootstrap，包括它的安装及具体使用，并通过一个具体案例，详细介绍了基于 Bootstrap 框架的响应式网站的设计及实现过程。

本书的编写结合了多年讲授这门课程的教学经验，合理地组织内容。全书共分 18 章：第 1 章是网页设计中涉及的基础知识，作为入门部分；第 2 章至第 9 章是 HTML 教程部分，包括 HTML 涉及的各种标签，针对每一个知识点利用有趣的案例来介绍它的使用；第 10 章至第 15 章是 CSS 教程部分，其中第 10 章介绍 CSS 语法基础、第 11 章叙述 CSS 如何设置文字与相应版式、第 12 章是关于颜色和背景的 CSS 设置、第 13 章学习 CSS 盒子模型、第 14 章掌握用 CSS 如何定位和布局、第 15 章是关于 CSS 滤镜特效的实现；第 16 章至第 17 章是 JavaScript 程序设计部分，其中第 16 章介绍 JavaScript 的基本语法，重点在于第 17 章，学习 JavaScript 的各种对象和事件驱动的编程方式；第 18 章是 Web 前端新技术，介绍响应式网页技术和最新的 Web 前端开发框架 Bootstrap，并以数字媒体技术专业介绍的内容为背景，详叙了基于 Bootstrap 框架的响应式网站的完整实现过程。

本书力求点面兼顾、深入浅出地介绍 Web 前端的三大开发技术，并充分结合前沿技术。同时，本书免费提供以教材为基本内容并符合课堂讲授方式的电子课件，也是作者在教学中一直使用的教学课件，且每章后均配备习题和上机题，并提供答案。

本书配有教学资源 PPT 课件，若有需要，请登录电子工业出版社华信教育资源网（www.hxedu.com.cn），注册后免费下载。

本书可作为高等院校相关课程的教材，适合应用型人才培养，也可作为科技工作者的参考书。

全书由舒后统一编著，其中第 2 章至第 9 章由北京印刷学院数字媒体技术专业葛雪姣、舒后编写，第 18 章由北京印刷学院数字媒体技术专业熊一帆编写，其余章节由舒后编写。参加编写的还有程明智、陈红斌、李旸、张雅倩、杨旸、刘华群、何薇、解龙、李旭、简琼、张维民。本书被立项为北京印刷学院的专业特色教材，得到了相应的出版资助。在此一并表示感谢！

计算机应用技术发展十分迅速，由于作者水平所限，加之时间仓促，本书难免有错误和不足之处，希望读者给予指正。

编　者

2016 年 6 月

目　录

第1章

网页设计基础知识

随着 Internet 的应用越来越多元化，WWW 已成为最重要的信息传播手段，通过网页就可以与浏览者进行信息共享和沟通，甚至产生互动。用户可以创建自己的网站，然后将它发布在因特网上，这样用户就必须了解网站与网页的相关知识。

 1.1 相关知识

1．Internet

Internet（因特网），专指全球最大的、开放的、由众多网络相互连接而成的计算机网络，并通过各种协议在计算机网络中传递信息。因此，Internet 不受地区和时间的限制，不管身处何地，均可通过 Internet 获取所需要的信息。

Internet 提供的服务众多，主要有 WWW 服务、FTP 文件传服务、E-mail 电子邮件服务、Telnet 远程登录服务、Archie 文件检索服务等，其中 WWW、FTP、E-mail 是使用最广泛的服务。

2．WWW

WWW 全称为 World Wide Web，缩写为 WWW（或 W3、3W）。WWW 有许多译名，如万维网、环球网等。WWW 是 Internet 提供的一种服务，是以超文本（Hypertext）方式组织信息和提供信息服务的，这种超文本结构是一种非线性的网状结构，这些资源（信息）是通过超文本传输协议（Hypertext Transfer Protocol）传送给用户。

3．超文本

超文本是一种文本，与一般的文本文件的差别主要是组织方式不同，它是将文本中遇到的一些相关内容通过链接组织在一起（即超链接），可以很方便地阅览这些相关内容，超文本是一种文本管理技术。

4．网站与网页

网站（Web Site）也称为 Web 站点。在计算机网络中，对于提供 Web 服务的计算机称为 Web 服务器（或 Web 站点），可描述为是存储在全世界 Internet 计算机中数量巨大的文档的集合。网站上的信息由一些彼此关联的文档组成，这些文档称为网页（Web Page），即网站信息的基本单位是网页。一个典型网站的结构如图 1-1 所示。

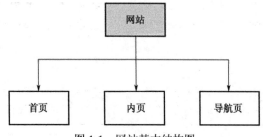

图 1-1　网站基本结构图

网页是用 HTML 标签语言来编写的，能够通过网络传输（即超文本传输协议，该协议的作用就是完成客户端浏览器与 Web 服务器端之间的 HTML 数据传输，即用来传输 HTML

文件），并被浏览器解释运行，结果以文字、图片、音频、视频等多媒体形式展示的页面文件，网页文件的后缀名通常为.html 或.htm。

常见的浏览器有微软的 Internet Explorer（简称 IE）、苹果的 Safari、谷歌的 Chrome 和 Mozilla 基金会的 Firefox、挪威的 Opera。

5. 主页与 URL 地址

每个网站上都放置着大量的网页，多个网页通过超链接组成了一个网站。每个站点的起始页称为"主页"（Home Page 也称首页），且拥有一个 URL 地址（Uniform Resource Locator，统一资源定位地址），主页作为用户进入站点的入口。

一个完整的 URL 由以下三部分组成。

（1）协议类型

协议类型也称 Internet 资源类型（scheme），即 Internet 提供的服务方式，如：

"http: //"表示 WWW 服务器，"ftp: //"表示 FTP 服务器，"gopher: //"表示 Gopher 服务器，而"new:"表示 Newsgroup 新闻组。

注意：Gopher 是互联网没有发展起来之前的一种从远程服务器上获取数据的协议，Gopher 协议目前已经很少使用，它已经完全被 HTTP 协议取代了。

（2）服务器地址

服务器地址（也称主机名）指出存有该资源（即文件）的主机的 IP 地址或域名，有时也包括端口号。

（3）路径及文件名

路径及文件名是要访问的文件名及相应的路径名。下面给出一个完整的 URL 地址：

http://netlab.nankai.edu.cn/student/network.html

协议类型　　　主机名　　　　路径及文件名

任何一个网页都有自己的 URL 地址，网页由网址（URL）来识别与存取，当在浏览器输入网址后，浏览器可以从主机名对应的 Web 站点上下载指定的网页文件，通过网络传给本地计算机，然后通过本机的浏览器软件解释网页的 HTML 标签内容，再将结果显示在窗口内。

6. 静态网页与动态网页

网页一般可分为静态网页和动态网页。

（1）静态网页

纯粹用超文本标记语言 HTML 来编写，对应文件的后缀名为.htm 或.html。制作工具既可以是记事本、EditPlus 等纯文本编写工具，也可是 FrontPage、Dreamweaver 等所见即所得的工具。它是事先保存在网站上的文件，内容相对固定。静态网页的主要缺点：没有数据库的支持，只能固定显示事先设计好的页面内容，如果要修改网页，必须修改源代码，并重新上传。静态网页运行于客户端的浏览器（如 IE）。

静态网页的工作步骤如下，如图 1-2 所示。

① 用户打开客户端计算机中的浏览器软件（Internet Explorer）。

② 用户在浏览器的地址栏输入要启动的 Web 主页的 URL 地址并按【Enter】键，即生成一个 HTTP 请求。

③ 浏览器将该 HTTP 请求发送到 Web 服务器。

④ Web 服务器接到 HTTP 请求，找到对应的 HTML 格式的网页文件，再将它发回给浏览器。

⑤ 浏览器解释运行该网页文件，并将运行结果显示到屏幕上。

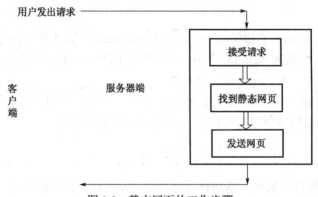

图 1-2　静态网页的工作步骤

（2）动态网页

采用动态网站技术来实现的网页，需要数据库技术的支持。也就是说，动态网页不仅仅表现在网页的视觉展示方式上，更重要的是，它可以对网页中的内容进行控制与变化。可实现对后台数据库的存取，并能利用数据库中的数据，动态生成客户端显示的页面。或者说，动态网页就是服务器端可以根据客户端的不同请求动态地产生网页内容。常用的动态网页的技术有 CGI、ASP、PHP、JSP、ASP.NET 等。

动态网页根据网页文件运行的位置不同可分"基于客户端的技术"和"基于服务器端的技术"。基于客户端的技术实现的动态网页是在 HTML 语法中加入脚本程序，如 JavaScript、VBScript 或 Java Applet 等代码，能够让网页产生一些多媒体效果，更多体现的是一种视觉展示的效果。基于服务器的动态网页是在 HTML 中通过添加运行于服务器端的某种语言来实现各种功能，常用的有 ASP、JSP、PHP 等。

动态网页的工作步骤如下，如图 1-3 所示。

① 用户打开客户端计算机中的浏览器软件（Internet Explorer）。

② 用户输入要启动的 Web 主页的 URL 地址，浏览器将生成一个 HTTP 请求。

③ Web 服务器接到浏览器的请求后，把 URL 转换成页面所在服务器上的文件路径名。

④ 若 URL 指向的是普通的 HTML 文档，Web 服务器直接将它送给浏览器。

⑤ 若 HTML 文档中嵌有 ASP、CGI 程序或其他程序，Web 服务器就运行 ASP 或 CGI 程序，并将最终结果以 HTML 文件的网页传至浏览器。最后，浏览器解释运行该页面文件，将结果显示到屏幕上。

动态网页有如下两个显著特点。

● 以数据库技术为基础，可以大大降低网站维护的工作量。

● 支持客户端和服务器端的交互功能。

像 BBS 论坛、聊天室、各种电子商务等均是动态网页的典型示例。

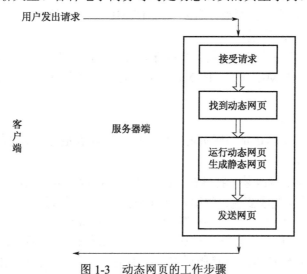

图 1-3　动态网页的工作步骤

1.2　Web 前端开发技术

Web 前端开发是从网页制作演变而来的，名称上有很明显的时代特征。在互联网的演化进程中，网页制作是 Web1.0 时代的产物，那时网站的主要内容都是静态的，用户使用网站的行为也以浏览为主。2005 年以后，互联网进入 Web2.0 时代，各种类似桌面软件的 Web 应用大量涌现，网站的前端由此发生了翻天覆地的变化。网页不再只是承载单一的文字和图片，各种丰富媒体让网页的内容更加生动，网页上软件化的交互形式为用户提供了更好的使用体验，这些都是基于前端技术实现的。简而言之，前端是介于网站设计和后台中间的一部分。主要工作是静态页面的实现，以及页面交互/特效的制作。

Web 前端技术的核心是三大要素：HTML、CSS、JavaScript，本书主要介绍这三大技术的语法和具体使用。

1.2.1　认识 HTML

HTML 是 Hyper Text Markup Language 的缩写（超文本标记语言），是制作网页的最基本语言。网页包括动画、图形等各种复杂的多媒体元素，其基础架构是 HTML，用 HTML 描述的网页称为 HTML 文件（文档），是纯文本格式的文件，常用的扩展名为.htm 或.html。

需要通过浏览器软件来运行并显示效果。

HTML 来自于 SGML（标准通用标记语言），是其简化版，由国际组织 W3C（万维网联盟）维护。作为 Web 的统一语言，其版本不断发展完善，至今有 8 个版本，从 HTML1.0~HTML5.0，课程以 HTML4 为基础来学习，并新增 HTML5.0 新特征的介绍。

HTML 代码不仅在记事本等文本编辑器（如写字板、Word、WPS 等编辑器）中编写制作网页，还可以使用各种可视化的网页制作软件（如 Adobe Dreamweaver、FrontPage）来自动生成，而不需要像在文本编辑器中手写 HTML 代码，但这种可视化的 HTML 开发工具容易产生废代码。一个优秀的网页设计者要熟悉 HTML 语言，这样可以清除开发工具产生的脏代码，从而提高网页的质量。

HTML 文档包含两种信息：一是页面本身的文本信息；二是表示页面元素、结构、格式和其他超文本链接的 HTML 标记。HTML 由各种标记元素组成，用于组织文档和指定内容的输出格式。

HTML 的不足如下。

① 标记不足。很多标记是为网页内容服务的，不能满足更多的文档样式需求。例如，标题仅有 6 级 h1~h6。

② 维护困难。为了修改某个特殊标记的格式，须花费很多时间，尤其对整个网站而言。例如，对<h2>标题希望变成蓝色，须引入<font>标记，对字体进行设置，代码如下：

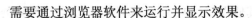

```
<h2><font color="0000FF" face="黑体">...</font></h2>
```

③ 网页过"胖"。由于没有统一对各种风格样式进行控制，HTML 页面往往体积过大。

W3C 组织为了弥补 HTML 在排版样式上的不足，制定了一套样式标准即 CSS。

1.2.2　认识 CSS

CSS 是 Cascading Style Sheets 的缩写，中文为"层叠样式表"或"级联样式表"，简称"样式表"。用来装饰 HTML/XML 的标记集合。CSS 是由 W3C（万维网联盟）的 CSS 工作组制定和维护的。

（1）样式

样式即格式，指网页中的元素（包括文字、段落、图像、列表等）属性的整体概括，描述所有网页对象的显示形式（如文字的大小、字体、颜色、背景及边框线的设置、图像的大小、位置等）。

（2）层叠

当在 HTML 中引用数个样式文件（CSS 文件）并发生冲突时，浏览器依据层次的先后来处理其样式对内容的控制。

CSS 是目前的网页页面排版样式标准，网页制作时采用 CSS 技术，可以有效地对页面的布局、字体、颜色、背景和其他效果实现更加精确的控制。

（3）CSS 的特点

① CSS 是一种标记语言，无须编译，直接由浏览器执行。
② 在标准网页设计中，CSS 负责网页内容的表现。
③ CSS 文件是文本文件，用记事本等文本编辑器编写，文件的后缀名为.css。

（4）CSS 在网页设计中的作用

① CSS 实现了网页的样式（表现）和内容的分离，将网页的样式设定独立出来，便于对网页外观的统一控制与修改，便于保持网站风格的一致性，减少了网页的体积，提高了网页效率。
② CSS 能帮助用户对页面的布局加以更多、更精准的控制（如行间距、字间距、段落缩进和图片定位等属性，利用 CSS+DIV 实现网页的布局）。
③ 减少网页的代码量。
④ CSS 可实现页面格式的动态更新（只要简单地修改几个 CSS 文件就可以重新设计整个网站的页面），使网页的表现统一，且易于修改。
⑤ 可以支持多种设备，如手机、PDA 等移动设备。

从 20 世纪 90 年代初 CSS 诞生至今，CSS 共有 CSS1、CSS2 和 CSS3 三个版本。本书以 CSS2 为基础，新增 CSS3.0 的介绍。与 HTML 类似，CSS 在不同的浏览器中的表现效果可能稍有不同（在 CSS 支持方面，IE 优于其他），但一般主流浏览器都支持。

总之，网页的内容由 HTML 表示，但页面上各个元素的表现和布局则由 CSS 来控制，在 HTML 语言中可以直接编写 CSS 代码。

1.2.3　认识 JavaScript

HTML+CSS 配合使用，提供给用户的是一种静态的信息，缺少交互性，如常用的 Web 游戏都是典型的交互例子。JavaScript（简称 JS）的出现使用户与信息之间不只是一种浏览与显示的关系，而是实现一种实时、动态、交互的页面功能。

JavaScript 是一种基于对象的脚本语言，由 Netscape 公司开发的 LiveScript 技术发展而来的脚本语言，主要是为了解决服务器端处理速度慢而推出的语言。当时服务器需要对数据进行验证，由于网络速度相当缓慢，验证步骤浪费的时间较多。故 Netscape 的浏览器 Navigator 加入了 JavaScript，提供了数据验证的基本功能。

在 HTML 基础上，使用 JavaScript 可以开发交互式 Web 网页，如在线填写各类表格、所填写表单信息的验证。

1. JavaScript 的主要特点

① 一种脚本编写语言：JavaScript 是一种脚本语言，可以和 HTML 语言结合，在 HTML 中可以直接编写 JavaScript 代码。
② 跨平台性：JavaScript 依赖于浏览器，与操作系统无关。因此，只要在有浏览器的计算机上，且浏览器支持 JavaScript，就可以对其正确执行。

③ 能及时响应用户的操作：对提交的表单做即时检查，无须浪费时间交给 CGI 程序去验证。

2. JavaScript 在网页开发中的作用

使网页增加动态、互动性。它可以直接对用户或客户的输入做出响应，无须经过 Web 服务程序。因此，可以实现类似弹出提示框这样的交互性网页功能。它对用户的响应是以"事件"做驱动的，比如，"单击网页中的按钮"这个事件可以引发对应的响应。这是 JavaScript 最典型的用法，不需要服务器的响应干预，大大减轻了服务器的负荷。

（说明：本书除了第 15 章 CSS 滤镜特效外的所有的案例均在 Internet Explorer11 浏览器中运行。）

第 2 章

HTML 基础

随着科学技术的发展，网络已经成为人们生活中不可或缺的一部分。而我们所看到的、使用的网页都是由 HTML 语言编写而成的。HTML 语言是编写网页最基础的语言，所以学好 HTML 非常重要。在本章的学习中，将对 HTML 语言做初步介绍，使读者对 HTML 有基本的了解，为以后的深入学习打下坚实基础。

 2.1 HTML 的概念

HTML 是 Hyper Text Markup Language（超文本标签语言）的缩写。它不是一种编程语言，而是一种描述性的标签语言，用于描述网页内容的显示方式。

HTML 定义了一组用于描述页面结构和风格的标签，通过浏览器显示出效果。用 HTML 描述的网页称为 HTML 文件，以.html 或.htm 作为扩展名。HTML 文件是标准的 ASCII 文件，是一种纯文本格式的文件，它能独立于各种操作系统平台。

HTML 对文件显示的具体格式进行了详细的规定和描述。例如，它规定了文件的标题、段落如何显示，规定了如何在超文本文件中嵌入图像、声音和动画，以及如何与其他文件进行连接等。浏览器负责解释 HTML 文档中的标记，并将 HTML 文档显示成网页。

例 2-1 一个基本的 HTML 页面，代码如下。

```
<html>
<head>
<title>这是一个 HTML 文件</title>
</head>
<body>
<p>这是一个 HTML 网页</p>
</body>
</html>
```

页面效果如图 2-1 所示。

图 2-1 基本的 HTML 页面

 2.2 HTML 的基本语法

2.2.1 标签

1. 什么是标签

HTML 标签是 HTML 语言中最基本的单位，是用于描述功能的符号。例如，<html>、

<head>、<body>等都是标签。标签必须使用尖括号<>书写，经常成对出现。以无斜杠的标签开始，以有斜杠的标签结束，如<html>...</html>。标签名与小于号之间不能留有空白字符。HTML 标签不区分大小写，如"主体"<body>跟<BODY>表示的意思是一样的，但习惯上使用小写。

2．标签的分类

标签分为单标签和双标签。单标签可以单独使用，如
为单标签，单独使用表示换行。双标签必须成对使用，由始标签和尾标签组成。始标签告诉浏览器从此处开始执行该标签所表示的功能，尾标签则表示浏览器到此处结束该功能。尾标签由始标签加斜杠组成。例如，始标签<table>、尾标签</table>。

2.2.2　属性

1．什么是属性

每个 HTML 标签都拥有自己的属性，属性提供了有关 HTML 元素的更多的信息。属性总是在 HTML 元素的开始标签中规定，并且和标记名之间有一个空格隔开，如：

```
<font face="黑体" size=6 color="red" >
```

2．属性的语法

属性总是以名称/值的形式出现，如 name=" value " 。属性的语法如下。

```
<标签名称 属性 1 属性 2 属性 3 ...>
```

注意：属性放在标签的尖括号中，属性没有顺序要求，如果不写就取默认值。

例 2-2　一个带有属性的 HTML 页面，代码如下。

```
<html>
<head>
<title>标签的属性</title>
</head>
<center>
<body text="red" bgcolor="yellow">
<p>标签的属性</p>
</body>
</center>
</html>
```

说明：<body>中的 text 和 bgcolor 为 body 的属性。text 规定了 body 中字体的颜色，bgcolor 规定了网页背景颜色。页面效果如图 2-2 所示。

图 2-2　带有属性的 HTML 页面

2.3　HTML 的文档结构

2.3.1　基本结构

HTML 文件分文件头和文件主体两部分。一般的文件说明信息在文件头里，包括标题、网页的描述信息等，需要在页面显示的信息包含在文件主体中。

HTML 文件的基本结构如下。

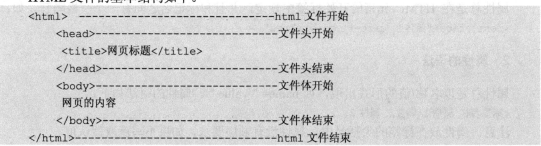

其中，<html>在最外层，表示这是一个 HTML 文件，头部标记是成对的<head></head>，主体标记是成对的<body></body >。HTML 文档的结构可以说是各类标记的嵌套，嵌套不能交叉。

2.3.2　书写注意事项

学习了 HTML 基本知识后，在编写过程中也需要遵守一些书写规范。

① 所有的标签必须用尖括号括起来，否则浏览器不识别。

② 成对出现的标签最好同时输入首尾标签，再添加内容，避免丢失尾标签。

③ 代码中不区分大小写，但是小写更加常用。

④ 使用标签嵌套时注意标签顺序。如<tag1><tag2>标签嵌套</tag2></tag1>。

⑤ 空格和回车在代码中无效，需用特殊符号或标签表示。空格为 ，回车为
。还有一些特殊控制符号，在学习过程中逐渐接触。

⑥ 标签中不能有空格，比如不能将<title>写成< title>，英文单词不能拼错。保存文档时需另存为.html 或.htm 格式。

⑦ 标签中的属性，可以用双引号括起来，也可以省略，如

```
<hr color=red>或<hr color="red">
```

2.4　HTML 的头部文件和主体文件

2.4.1　文件头部内容

完整的 HTML 文档包括文档头和文档主体两部分。头部内容包含的是网页的头部信息，它的内容主要被浏览器所用而不会显示在网页正文中。头部即<head></head>中可以包含下面一些元素。

1．<title>标签

每个 HTML 文件都有一个标题，标题用于说明网页的主题和用途。在 HTML 文件的头部即标签对<title>、</title>中输入标题信息就可以在浏览器的标题栏上显示。

例 2-3　一个带有文件标题的 HTML 页面，代码如下。

```
<html>
<head>
<title>在此输入标题</title>
</head>
<body>
<p>请看标题栏</p>
</body>
</html>
```

页面效果如图 2-3 所示。

图 2-3　带有文件标题的 HTML 页面

2．<base>标签

<base>标签用于设置文档的基地网址。一个 HTML 文件只能有一个<base>标签，它是一个单标签，并且要放在头部文件中。

（1）基本语法

```
<html>
<head>
<title>base标签</title>
<base href="文件路径" target="目标窗口">
</head>
<body>
</body>
</html>
```

（2）说明

① href 用于设置网页文件链接的地址。

② target 用于设置页面显示的目标窗口，target 有 4 个保留的目标名称用作特殊的文档重定向操作，分别如下。

● _blank：在新窗口中打开被链接文档。

● _self：默认值，表示在同一个窗口或框架中打开被链接文档。

● _parent：在上一级窗口中打开，一般使用分帧的框架（Frame）页会经常用，用于在父框架集中打开被链接文档。

● _top：在浏览器的整个窗口中打开被链接文档。

例 2-4　一个带有 base 标签的 HTML 页面，代码如下。

```
<html>
<head>
<title>base标签</title>
<base href="http://www.baidu.com">
</head>
<body>
base 标签表示当 HTML 文件运行后，把鼠标放在设置好链接的文字<A href="index">"链接"</A>上面，状态栏上会显示"链接"的完整链接地址。当鼠标单击"链接"后，相应网页会在当前页面打开。</p>
</body>
</html>
```

页面效果如图 2-4 所示。

图 2-4　一个带有 base 标签的 HTML 页面

3．<meta>标签

<meta>元素可提供有关页面的元信息（meta-information）（或元数据），比如网页的关键字、作者信息、网页过期时间等，尤其针对搜索引擎和更新频度的描述和关键词。<meta>标签是单标签，主要功能如下。

① 帮助主页被各大搜索引擎收录，提高网站的访问量。

② 定义页面的使用语言。

③ 自动刷新并指向新的页面。

<meta>标签位于文档的头部，定义的信息不会出现在网页中，仅在源文件中显示。<meta>标签的属性定义了与文档相关联的名称/值对。

<meta>是 HTML 语言 head 区的一个辅助性标签，可以有多个<meta>标记。几乎所有的网页里，我们可以看到类似下面这段的 HTML 代码。

```
<head>
  <meta http-equiv="content-Type" content="text/html; charset=gb2312" />
</head>
```

meta 标签的组成。

<meta>标签主要有两个属性，它们分别是 http-equiv 属性和 name 属性，不同的属性又有不同的参数值，这些不同的参数值就实现了不同的网页功能。

（1）http-equiv 属性

http-equiv 顾名思义，相当于 HTTP 的文件头作用，它可以向浏览器传回一些有用的信息，以帮助正确和精确地显示网页内容，与之对应的属性值为 content，content 中的内容其实就是各个参数的变量值。meta 标签的 http-equiv 属性语法格式如下。

```
<meta http-equiv="参数" content="参数变量值">
```

其中 http-equiv 属性主要有以下几种参数。

① Expires（期限）。

说明：可以用于设定网页的到期时间。一旦网页过期，必须到服务器上重新传输。

```
<meta http-equiv="expires" content="value">
```

其中，expires 用于设计页面过期时间，content 属性设置具体过期时间值。

例 2-5　用 meta 标签设置页面过期时间的 HTML 页面，代码如下。

```
<html>
<head>
  <title>设置页面过期时间</title>
<meta http-equiv="expires" content="Mon,12 Jan 2016 11:11:11 GMT">
</head> <body>
</body>
</html>
```

> 格林威治标准时间

② Refresh（刷新）。

说明：自动刷新并指向新页面。

用法：<meta http-equiv="Refresh" content="5;URL=http://www.root.net">（注意句中的分号（;），位于在秒数的后面和网址的前面）。

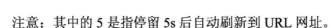

注意：其中的 5 是指停留 5s 后自动刷新到 URL 网址。

③ content-Type（显示字符集的设定）。

说明：设定页面使用的字符集。

用法：`<meta http-equiv="content-Type" content="text/html; charset=gb2312">`。

定义页面所使用的字符集为 GB2312，就是国标汉字码。例如，BIG5 繁体中文、UTF-8 是 UNICODE（Unicode 也是一种字符编码方法，不过它由国际组织设计，可以容纳全世界所有语言文字的编码方案）的一种变长字符编码又称万国码，用在网页上可以在同一页面显示中文简体、繁体及其他语言（如日文，韩文等）。

（2）name 属性

name 属性主要用于描述网页，与之对应的属性值为 content，content 中的内容主要是便于搜索引擎机器人查找信息和分类信息用的。

`<meta>` 标签的 name 属性语法格式如下。

```
<meta name="参数" content="value">
```

其中 name 属性主要有以下几种参数。

① Keywords（设置页面关键字）。

说明：keywords 用来告诉搜索引擎你网页的关键字是什么。content 用于说明为该网页定义的关键字，为了提高网站被搜索引擎搜索到的概率，网页中需要多个和网站相关的关键字。

```
<meta name="keywords" content="计算机,英语,经管,财会,职场">
```

此行代码表示在该 HTML 文件中，定义的关键字为"计算机、英语、经管、财会、职场"，当利用搜索引擎搜索时，输入任何一个关键字都可以搜索到该网页。

② author（作者）。

说明：标注网页的作者。

```
<meta name="author" content="root @ 21cn.com">
```

③ description（描述页面的内容）。

```
<meta name="description" content="">
```

说明：告诉搜索引擎你的站点的主要内容。

2.4.2 主体内容

网页的主体内容包含在 `<body></body>` 中。`<body>` 标签也可以设置属性，如页面背景颜色、页面字体等。

1. 设置页面背景 bgcolor

在一般的 HTML 文档中，都需要给页面定义背景颜色。这就需要用到 bgcolor 属性来设置。

例 2-6　一个带有背景颜色的 HTML 页面，代码如下。

```
<html>
<head>
<title>设置背景颜色</title>
```

```
</head>
<body bgcolor="yellow">
</body>
</html>
```

页面效果如图 2-5 所示。

说明：

在 HTML 代码中设置颜色值可以用颜色名称表示，如例 2-6 所示。也可由三个两位十六进制数字组成，分别代表各自（即 R、G、B）的颜色强度，每个颜色的取值范围是 00～FF（对应十进制 00～255），颜色也可改为 <body bgcolor=" #FFFF00 ">。关于颜色的表示详见12.1 节。

图 2-5　带有背景颜色的 HTML 页面

2．设置页面边距 margin

在 HTML 文档中通常需要设置页面边距，通过设置页面边距的属性值来改变页面与浏览器边距的大小。边距的设置分为上、下、左、右，分别用 topmargin、bottommargin、leftmargin和 rightmargin 表示。但现在的网页设计中一般使用 CSS 设置边距。本书后面的相关内容会详细叙述。

（1）基本语法

```
<body topmargin=value leftmargin=value rightmargin=value bottommargin=value>
```

（2）说明

通过设置 topmargin/leftmargin/rightmargin/bottommargin 不同的属性值，来设置显示内容与浏览器的距离，距离的单位是"像素"（px）。

例 2-7　一个带有页面边距的 HTML 页面，代码如下。

```
<html>
<head>
<title>设置页面边距</title>
</head>
<body topmargin=0 bottommargin=200 leftmargin=30 rightmargin=40>
```

17

网页的文字会显示在页面中。距离上面为零。距离底部为 200，距离左右分别为 30 和 40。
```
</body>
</html>
```
页面效果如图 2-6 所示。

图 2-6　带有页面边距的 HTML 页面

3. 设置正文文本颜色 text

在<body>标记中，利用 text 属性设置整个网页中的文字颜色。

例 2-8　一个带有文本颜色的 HTML 页面，代码如下。

```
<html>
<head>
<title>设置正文文本颜色</title>
</head>
<body text="red" bgcolor="d2d2d2">
设置正文文本颜色为红色，背景颜色为灰色。
</body>
</html>
```
页面效果如图 2-7 所示。

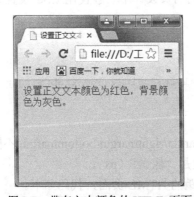

图 2-7　带有文本颜色的 HTML 页面

4. 设置页面背景所用的图像 background

在<body>标记中，利用 background 属性设定背景墙纸所用的图像文件，可以用 GIF 或

JPEG 文件的绝对或相对路径表示。

（1）基本语法

```
<body background="背景图片文件的地址">
```

（2）说明

背景图片文件的地址可以用相对地址或绝对地址表示。相对地址是指相对于某文件本身所在位置的路径。如在例 2-9 中，HTML 文件和图片"moutain.jpg"均处在同一目录下，在HTML 文件里需设置此图片作为背景图片，用的就是图片的相对地址。

绝对地址是指该文件实际的存放位置，即真实路径表示，如 E:\pic\moutain.jpg。

例 2-9　一个带有背景图片的 HTML 页面，代码如下。

```
<html>
<head>
<title>设置背景图片</title>
</head>
<body background="moutain.jpg">
</body>
</html>
```

页面效果如图 2-8 所示。

图 2-8　带有背景图片的 HTML 页面

注意：HTML5 中，删除了所有<body>的特殊属性设置，如页面边距、页面背景等均使用 CSS 进行设置。详见后面的相关内容。

习题

1．选择题

① 下列标签中，用于设置字体大小、颜色的标签是（　　　）。

A．b B．sub C．sup D．font

② 下列（　　）标记用于显示网页的主题信息。

A．<head> B．<body> C．<title> D．<footer>

③ 关于下列代码片段，说法错误的是（　　）。

<img src="a.jpg" align="left" width="100" height="100" />

A．用于在 HTML 文档中插入图像链接

B．图像以 100×100 像素的大小显示

C．<img>标签用于在页面中显示一张图像

D．图像的对齐方式为左对齐

④ 用 HTML 标记语言编写一个简单的网页，网页最基本的结构是（　　）。

A．<html> <head>…</head> <frame>…</frame> </html>

B．<html> <title>…</title> <body>…</body> </html>

C．<html> <title>…</title> <frame>…</frame> </html>

D．<html> <head>…</head> <body>…</body> </html>

2．上机题

制作如图 2-9 所示的网页。

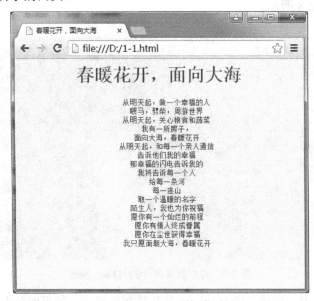

图 2-9　页面效果图

第 3 章

网页文字与排版设计

网页中可以包含很多信息，如文字、图片、音频和视频等，其中文字是网页中最常见、最核心的内容。本章将重点介绍网页中文字的排版设计。

3.1 编辑网页内容

3.1.1 添加文字

在 HTML 文件中，文字的添加非常简单，直接在主体标签中添加文字信息即可。

例 3-1 编辑文字信息的网页，代码如下。

```html
<html>
<head>
<title>添加文字</title>
</head>
<body>
文字的添加非常简单，直接在主体内容中添加文字就可以完成。
</body>
</html>
```

页面效果如图 3-1 所示。

图 3-1 添加文字信息的 HTML 页面

3.1.2 添加注释

在 HTML 文件中，为了增加代码的可读性，需要给代码添加必要的注释。注释可以出现在网页中任意位置，注释部分不会在网页中显示，同时便于网页编写者后期维护页面。

基本语法：

```html
<!- -注释内容 - ->
```

例 3-2 一个添加注释语句的网页，代码如下。

```html
<html>
<head>
<!--请在此添加注释语句！-->
<title>添加注释</title>
</head>
<body>
<!--请在此添加注释语句！-->
为了让人更清楚地理解代码，需要给代码添加必要的注释。
</body>
</html>
```

3.1.3　添加空格

在 HTML 文件中，添加空格需要使用代码" "控制，需要多少个空格就需要添加多少个" "。

例 3-3　一个带有空格的 HTML 的网页，代码如下。

```
<html>
<head>
<title>添加空格</title>
</head>
<body>
     网页中的空格需要用代码编写，不能直接用键盘输入。
</body>
</html>
```

页面效果如图 3-2 所示。

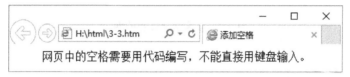

图 3-2　带有空格的 HTML 的网页

3.2　文字效果与修饰

3.2.1　设置文字样式

网页中添加文字后，可以利用<font>标记及其属性对网页文字的字体、字号、颜色进行定义。

基本语法：

```
<body>
  <font face="" size="" color=""></font>
</body>
```

说明：

① face 属性用于设置文字采用的字体的名称，如宋体、隶书、楷体_GB2312 等。可以为 face 属性一次定义多个字体，字体之间用"，"隔开，浏览器在读取字体时，如果第 1 种字体系统中不存在，就显示第 2 种字体，以此类推，若给出的字体都不存在，则显示计算机系统的默认字体。

② size 属性是用来设置字号的，大小范围是 1~7。size 默认的字号大小是 3。

③ color 用于设置字体的颜色。

④ <font>在 HTML4 中常被用作设置文字外观，但 HTML5 已不支持，建议使用 CSS 代替该功能，如利用 font-family 属性。

例 3-4　设置文字外观的应用，代码如下。

```
<html>
<head>
<title>设置文字的字体、字号、颜色</title>
</head>
<body>
<center>
<font face="黑体" size=6 color="red" >我们是一个团体，不会丢下谁，不会落下谁。共同奋进!!
</font>
</center>
</body>
</html>
```

页面效果如图 3-3 所示。

我们是一个团体，不会丢下谁，不会落下谁。共同奋进！！

图 3-3　设置文字外观的网页

3.2.2　修饰文字

1. 标题字

按几种固定的字号去显示文字。在 HTML 中，定义了六级标题，从一级到六级，每级标题的字体大小依次递减。

例 3-5　一个带有标题的 HTML 的网页，代码如下。

```
<html>
<head>
<title>在网页中添加标题字</title>
</head>
<body>
<h1 align="center">一级标题</h1>
<h2>二级标题</h2>
<h3>三级标题</h3>
<h4 align=left >四级标题</h4>
<h5 align=center>五级标题</h5>
<h6 align=right>六级标题</h6>
</body>
</html>
```

页面效果如图 3-4 所示。

图 3-4　带有标题的 HTML 的网页

2. 简单修饰文字

在网页中，除了可以修饰文字的大小、颜色，还可以设置文字为粗体、斜体、下画线。在 HTML 文件中，利用成对字体样式编辑标签就可以将网页中的文字根据需要进行样式的编辑。例如，<b></b>标签表示加粗文字显示、<i></i>标签表示斜体文字显示、<u></u>标签表示给文字添加下画线。

例 3-6　带有修饰文字的 HTML 的网页，代码如下。

```
<html>
<head>
<title>在网页中添加标题字</title>
</head>
<body>
普通文字的显示<br>
<b>加粗的文字</b><br>
<i>斜体文字</i><br>
<u>添加下画线文字</u><br>
</body>
</html>
```

页面效果如图 3-5 所示。

图 3-5　带有修饰文字的 HTML 网页

25

3. 设置地址文字

<address>标签用来表示 HTML 文档的特定信息，如 E-mail、地址、签名、作者、文档信息等。通常显示为斜体。

例 3-7　带有地址文字的 HTML 网页，代码如下。

```
<html>
<head>
<title>设置地址文字</title>
</head>
<body>
<address>联系我们</address>
<address>E-mail:123456@ qq.com</address><br>
</body>
</html>
```

页面效果如图 3-6 所示。

图 3-6　带有地址文字的 HTML 网页

4. 插入特殊符号

在 HTML 的标记中常用到 ">"、"<"、"&"、""" 等符号，在网页中它们通常会被认为是标记而无法当成普通符号正常显示。解决这一问题，就必须输入该符号对应的代码。总之，在网页中显示特殊符号，需用对应的代码。常用的特殊符号及其代码见表 3-1。

表 3-1　常用特殊符号及其代码

特 殊 符 号	HTML 表示	说　明
&	&amp;	&符号
>	&gt;	右尖括号
<	&lt;	左尖括号
"	&quot;	双引号
©	&copy;	版权符号
®	&reg;	注册商标
™	&trade;	商标（美国）
空格		半角空格

例 3-8　带有特殊符号的 HTML 的网页，代码如下。

```
<html>
<head>
<title>插入特殊符号</title>
</head>
<body>下面插入版权符号：<br>
版权所有&copy;：&amp&amp&amp 出版社
</body>
</html>
```

页面效果如图 3-7 所示。

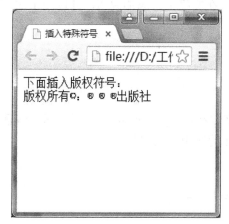

图 3-7　带有特殊符号的 HTML 的网页

5. 确定文字上标、下标

在数字公式中，上标和下标的使用比较广泛，如 x^2，a_1 等。
基本语法：

```
<sup>上标内容</sup>
<sub>下标内容</sub>
```

例 3-9　上标、下标在数字公式中的应用，代码如下。

```
<html>
<head>
<title>上下标的应用</title>
</head>
<body>
解下面方程：<br>
  x<sup>2</sup>-5x+6=0<br>
解：x<sub>1</sub>=2;x<sub>2</sub>=3<br>
</body>
</html>
```

页面效果如图 3-8 所示。

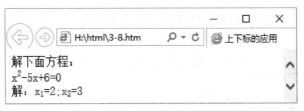

图 3-8   应用上标、下标的页面

6. 设置文字标注

在 HTML 文件中，可以在文字上方添加说明，并以缩小的字号显示。

基本语法：

```
<ruby>被说明文字
<rt>文字的标注</rt>
</ruby>
```

说明：

需要加标注说明的文字放在<ruby>与</ruby>之间，标注信息位于<rt>与</rt>之间。

例 3-10   设置文字标注的应用，代码如下。

```
<html>
<head>
<title>在文字上方标注说明</title>
</head>
<body>
<ruby>第二十九届奥运会在北京举行<rt>2008</rt></ruby>
</body>
</html>
```

页面效果如图 3-9 所示。

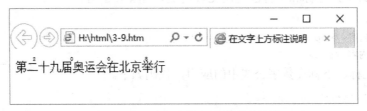

图 3-9   在文字上方加标注的页面效果

7. 添加删除线

在成对的<del> </del>标记之间输入文字，在网页中显示该标记之间的文字就是被添加了删除线后的显示效果。

例 3-11   添加了删除线的效果，代码如下。

```
<html>
<head>
    <title>添加删除线</title>
</head>
<body>
```

地址信息由<del>2 号楼 5 单元</del>改为 6 号楼 3 单元。
</body>
</html>

页面效果如图 3-10 所示。

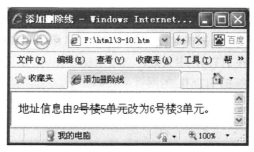

图 3-10　添加了删除线的效果

注意：删除线<strike>标签已不常用，一般使用<del>标签替代。

另外，<ins>表示新添加的文本，具体表现为在新添加的文本信息下加了下画线。

例 3-12　<ins>新添加文本标签的使用，代码如下。

```
<html>
<head>
<title>新添加的文字</title>
</head>
<body>
给下面文字添加新字<br>
添加了<ins>新字</ins>的文字
</body>
</html>
```

页面效果如图 3-11 所示。

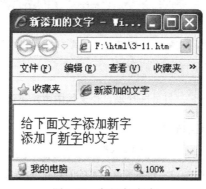

图 3-11　新添加文本

3.3　段落与排版

文字的组合就是段落，段落就是格式上统一的文本。我们需要对段落进行合理排版，使
网页内容更加清晰。

HTML 用来设置段落的标记有<p>、
、<pre>、<center>、<hr>、<blockquote>等。

3.3.1 段落的标签

在 HTML 文档中，有专门的段落标签<p>。利用<p>标签可以对网页中的文字信息进行段落的定义，但不能进行段落格式的定义。在通常的文本编辑工具中是通过输入回车键起到换行作用即定义新段落，在 HTML 中失效，必须用标签<p>来定义新段落。

例 3-13　加入段落标签的 HTML 的网页，代码如下。

```html
<html>
<head>
<title>段落</title>
</head>
<body>
<p>
春晓
春眠不觉晓，
处处闻啼鸟。
夜来风雨声，
花落知多少。
</p>
以上是一首五言唐诗。
</body>
</html>
```

页面效果如图 3-12 所示。

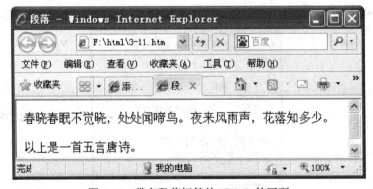

图 3-12　带有段落标签的 HTML 的网页

3.3.2 换行

在 HTML 文档中，利用
标签可以插入换行符，表示强制性换行，作用相当于键盘上的回车键，是一个单标记。一般浏览器会根据窗口的宽度自动将文本进行换行显示，如果想强制浏览器不换行显示，可以使用<nobr>标记，若希望在<nobr>标记中的文字强制换行，则可以使用<wbr>。

例 3-14 带有换行标签的 HTML 网页，代码如下。

```
<html>
<head>
<title>回车</title>
</head>
<body>
利用<p>标签可以对网页中的文字信息进行段落的定义，但不能进行段落格式的定义（输入文字信息时按回车键不起作用）。<br>所以插入换行符，进行强制性换行。
</body>
</html>
```

页面效果如图 3-13 所示。

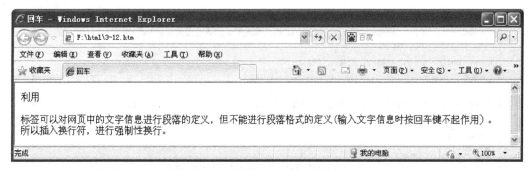

图 3-13 带有换行标签的 HTML 网页

例 3-15 综合应用换行标签的 HTML 网页，代码如下。

```
<html>
<head>
<title>换行</title>
</head>
<body>
<p>
无换行标记：在这个容器里，我们碰撞着，摩擦着，产生了各色各样的灵感，活力与情绪。<br>有换行标记：<br>在这个容器里，<br>我们碰撞着，<br>摩擦着，<br>产生了各色各样的灵感，<br>活力与情绪。
</p>
<nobr>五十个不同的分子，在不同状态下进入了同一容器，这就组成了我们的家——媒体专业。<wbr>在这个容器里，我们碰撞着，摩擦着，产生了各色各样的灵感，活力与情绪。</wbr>
</nobr>
</body>
</html>
```

页面效果如图 3-14（a）所示。

若去掉 p 标签，显示结果变为如图 3-14（b）所示。

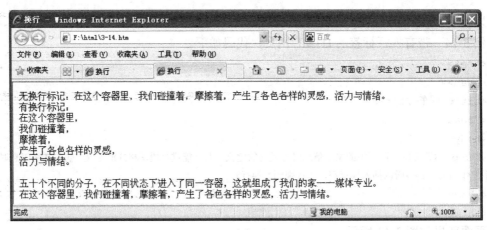

(a)

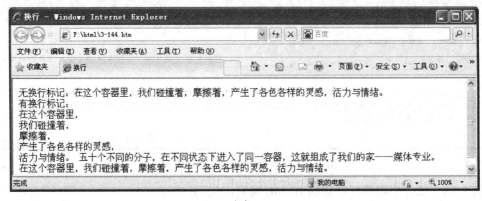

(b)

图 3-14 综合应用换行标签的网页

3.3.3 预格式化

在 HTML 文件中，利用<pre>与</pre>标签对网页中文字段落进行预格式化，可以保留原始文字排版的格式。

例 3-16 带有预格式化标签的 HTML 网页，代码如下。

```
<html>
<head>
<title>预格式化</title>
</head>
<body>
<pre>
春晓
春眠不觉晓，
处处闻啼鸟。
夜来风雨声，
花落知多少。
</pre>
```

```
</body>
</html>
```

页面效果如图 3-15 所示。

图 3-15　带有预格式化标签的 HTML 网页

3.3.4　居中显示文字

在 HTML 文件中，给网页内容加<center>、</center>标签对，标签之间的内容将会在网页中居中显示。该标签也可以使图片等网页元素居中显示。

例 3-17　带有居中标签的 HTML 网页，代码如下。

```
<html>
<head>
<title>居中显示文字</title>
</head>
<body>
<center>需要对齐的内容</center>
居中显示标签的文字
</body>
</html>
```

页面效果如图 3-16 所示。

图 3-16　一个带有居中标签的 HTML 网页

3.3.5　插入水平线

水平线可以作为段落与段落之间的分隔线，使段落更加明确，结构更加分明。

基本语法：

```
<hr width=" " size=" " color=" " align=" ">
```

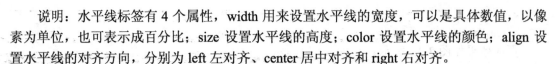
说明：水平线标签有 4 个属性，width 用来设置水平线的宽度，可以是具体数值，以像素为单位，也可表示成百分比；size 设置水平线的高度；color 设置水平线的颜色；align 设置水平线的对齐方向，分别为 left 左对齐、center 居中对齐和 right 右对齐。

例 3-18 带有水平线标签的 HTML 网页，代码如下。

```
<html>
<head>
<title>水平分隔线</title>
</head>
<body>
<center>
关于我们
<hr>
五十个不同的分子，
<hr size="6">
在不同状态下进入了同一容器，
<hr width="50%">
这就组成了我们的家——数字媒体技术专业。
<hr width="600" align="left">
在这个容器里，我们碰撞着，摩擦着，产生了各色各样的灵感，活力与情绪。
<hr size="6" width="30%" align="center" color="red" >
</center>
</body>
</html>
```

页面效果如图 3-17 所示。

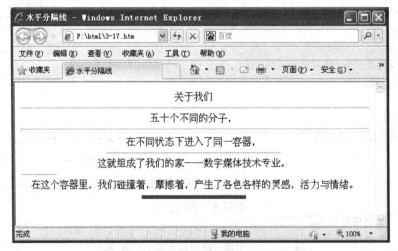

图 3-17 带有水平线标签的 HTML 网页

注意：HTML5 不再支持这些属性，样式的改变可通过 CSS 进行设置。

3.3.6 设置段落缩进

利用段落缩进标签<blockquote>，可以增加段落的层次效果，它是一个双标签。

基本语法：

```
<body>
    <blockquote>需要缩进的内容</blockquote>
</body>
```

说明：在 HTML 文件中，利用成对<blockquote> </blockquote>标记对网页中的文字进行缩进（默认缩进 5 个字符），更好地体现网页文字的层次结构。

例 3-19　设置段落缩进的页面，代码如下。

```
<html>
<head>
<title>设置段落缩进</title>
</head>
<body>
需要缩进的内容
<blockquote>需要缩进的内容</blockquote>
<blockquote><blockquote>需要缩进的内容</blockquote></blockquote>
</body>
</html>
```

页面效果如图 3-18 所示。

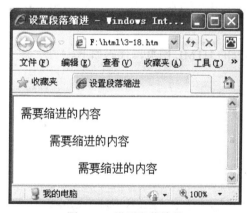

图 3-18　设置段落缩进

3.4　建立列表

在制作网页时，除了修饰网页文字之外，还可以使用列表对网页文字进行布局。列表是一个常用的格式控制方法，经常被用到写提纲和品种说明书中，将文字内容分门别类地列出来。通过列表标记的使用，能使这些内容在网页中条理清晰、层次分明、格式美观地表现出来。常用的列表有无序列表、有序列表和定义列表三种。

3.4.1　建立定义列表

创建定义列表使用<dl>与</dl>标签，就可自动生成定义列表。它的每一项前既没有项目符号，也没有编号，它通过缩进的形式使内容层次清晰。

基本语法：

```
<dl>
    <dt> 名称</dt>
        <dd> 说明</dd>
        <dd>... </dd>
                ......
    <dt> ...</dt>
        <dd> ...</dd>
        <dd>... </dd>
                ......
        ......
</dl>
```

说明：

（1）<dt>标记定义列表项，同时此标记只在<dl>标记中使用，显示时<dt></dt>标记定义的内容将左对齐。

（2）<dd>用于解释说明<dt>标记定义的项目名称，即<dd>标记用于描述列表中的项目。此标记也只能在<dl>标记中使用。显示时<dd></dd>标记定义的内容将相对于<dt></dt>标记定义的内容向右缩进。

例 3-20　带有定义列表的 HTML 网页，代码如下。

```
<html>
<head>
<title>定义列表</title>
</head>
<body>
<dl>
    <dt>报名</dt>
        <dd>报名时间：3 月 16—21 日，逾期不予受理。</dd>
        <dd>报名地点：所在院系办公室。</dd>
        <dd>报名费用：按物价局规定 95 元/人/次（含培训费用），报名时交齐。</dd>
        <dd>提交资料及注意事项：</dd>
    <dt>培训</dt>
        <dd>培训时间：3 月 31 日（星期六）。</dd>
        <dd>培训地点：北京印刷学院 5 号楼 103 教室</dd>
        <dd>注意事项：报考同学请自带《普通话水平测试指导》用书(新版)，可到新华书店购买。</dd>
    </dl>
</body>
</html>
```

页面效果如图 3-19 所示。

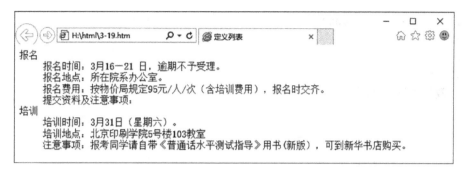

图 3-19　带有定义列表的 HTML 网页

3.4.2　建立无序列表

无序列表类似于 Word 中的项目符号，是一个没有特定顺序的列表。在无序列表中，各个列表项之间属于并列关系，没有先后顺序之分，它们之间以一个项目符号来标识。

基本语法：

```
<ul  type= " ">
  <li>项目名称</li>
  <li>项目名称</li>
  <li>项目名称</li>
  …
<ul>
```

说明：

（1）成对的<ul></ul>标记用来插入无序列表，<ul>标记之间必须使用成对的<li></li>标记来添加列表项值。

（2）type 属性，用户可以指定出现在列表项前的项目符号的样式，其取值及相对应的符号样式如下。

● disc：指定项目符号为一个实心圆点（IE 浏览器的默认值是 disc）。

● circle：指定项目符号为一个空心圆点。

● square：指定项目符号为一个实心方块。

注意：HTML5 中不支持 type 属性来设置项目符号的样式，而使用 CSS 的 list-style-type 语法来定义样式。

例 3-21　带有无序列表的 HTML 网页，代码如下。

```
<html>
<head>
<title>无序列表</title>
</head>
<body>
<ul
<li>联系人：</li>xxx
<li>联系地址：</li>北京市
```

```
<li>邮政编码: </li>100000
</ul>
</body>
</html>
```

页面效果如图 3-20 所示。

图 3-20　带有无序列表的 HTML 网页

例 3-22　设置 type 属性的无序列表的应用，代码如下。

```
<html>
<head>
<title>无序列表</title>
</head>
<body>
    <b>班级新闻</b>
    <ul type="square">
        <li>最新课程表</li>
        <li>关于普通话考试的通知</li>
        <li>钢琴名曲音乐欣赏--献给爱丽丝</li>
        <li>中国奥运屈辱史</li>
        <li>div+css 高级应用学习</li>
    </ul>
</body>
</html>
```

页面效果如图 3-21 所示。

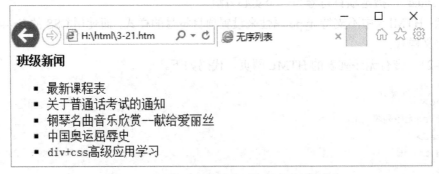

图 3-21　设置 type 属性的无序列表网页效果

3.4.3　建立有序列表

有序列表是一个有特定顺序的相关条目（也称列表项）的集合。在有序列表中，各个列表项有先后顺序之分，它们之间以编号来标识。

基本语法：

```
<ol type=" " start=" ">
 <li>项目名称</li>…
 <li>项目名称</li>…
 <li>项目名称</li>…
  …
</ol>
```

说明：

① 有序列表 type 的属性及说明见表 3-2。在指定列表的编号样式（type）后，浏览器会从 "1"、"a"、"A"、"i" 或 "I" 开始自动编号。

② 在使用有序列表标记的 start 属性后，用户则可改变编号的起始值。start 属性值是一个整数，表示从哪一个数字或字母开始编号。例如，设置 start= " 3 "，则有序列表的列表项编号将从 "3"、"c"、"C"、"iii" 或 "III" 开始编号。

表 3-2　有序列表的样式

type 设置值	项目编号样式	说　　明
1	1,2,3,…	阿拉伯数字
a	a,b,c,…	小写英文字母
A	A,B,C,…	大写英文字母
i	i,ii,iii,…	小写罗马数字
I	I,II,III,…	大写罗马数字

例 3-23　带有有序列表的 HTML 网页，代码如下。

```
<html>
<head>
<title>有序列表</title>
</head>
<body>
<b>课程安排</b>
<ol type="A">
<li>上课时间：9 月 1—30 日。</li>
<li>上课地点：B 楼 319。</li>
<li>注意事项：必须参加</li>
</ol>
</body>
</html>
```

页面效果如图 3-22（a）所示。

将代码中灰底部分的语句改为 <ol type=" A " start=" 3 ">，页面效果如图 3-22（b）所示。

除了对列表标记<ol></ol>进行属性设置外，我们还可以对列表项标记<li></li>进行属性设置。例如，<li value=" ">使用列表项标记<li></li>的 value 属性，可以改变当前列表项的编号大小，并会影响其后所有列表项的编号大小，但该属性只适用于有序列表。

将例 3-23 的代码改为：

```
<html>
<head>
<title>有序列表</title>
</head>
<body>
<b>课程安排</b>
<ol type="A">
<li value="5">上课时间：9 月 1—30 日。</li>
<li>上课地点：B 楼 319。</li>
<li>注意事项：必须参加</li>
</ol>
</body>
</html>
```

页面效果如图 3-22（c）所示。

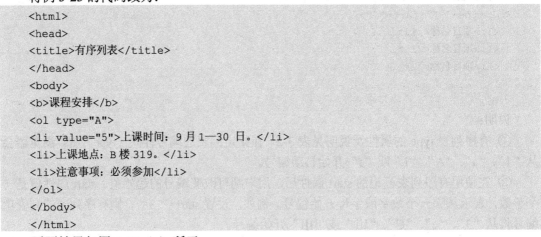

（a）

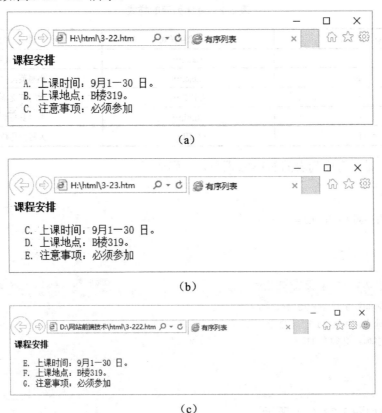

（b）

（c）

图 3-22　带有有序列表的 HTML 网页

3.4.4　建立嵌套列表

列表可以嵌套使用，一个列表中可以包含多层子列表。在网页文件中，对于内容层次较多的情况，使用嵌套列表可以使其内容看起来更加清晰、明了。嵌套的列表可以是无序列表之间的嵌套或有序列表之间的嵌套，还可以是无序列表和有序列表的混合嵌套。

例 3-24　设计具有嵌套列表的 HTML 网页，代码如下。

```
<html>
<head>
<title>嵌套列表</title>
</head>
<body>
<ol type="1">
<li>课程安排</li>
<ol type="A">
<li>上课时间：9 月 1—30 日</li>
<li>上课地点：B 楼 319。</li>
<li>注意事项：必须参加</li>
<ol type="a">
<li>参加上课的学生须填写《教室使用守则》</li>
<li>填写人名单</li>
<li>提交小一寸证件照 3 张，在背面写上校名、系别和姓名，与其他文件一起上交。</li>
</ol>
</ol>
<li>培训</li>
<li>考试</li>
</ol>
</body>
</html>
```

页面效果如图 3-23 所示。

图 3-23　带有嵌套列表的 HTML 网页

3.5　文字网页综合实例

本节给出一个综合案例，它应用了本章所学的所有标签。

例 3-25　综合应用各标签的 HTML 网页，代码如下。

```
<html>
<head>
<title>文字综合网页</title>
</head>
<body>
<center>文学欣赏</center>
<hr width="100%" size="1" color="#00ffee">
<blockquote>春朱自清</blockquote><br>
       盼望着，盼望着，东风来了，春天的脚步近了。
一切都像刚睡醒的样子，欣欣然张开了眼。山朗润起来了，水涨起来了，太阳的脸红起来了。
<br>小草偷偷地从土地里钻出来，嫩嫩的，绿绿的。园子里，田野里，瞧去，一大片一大片满是的。坐着，
躺着，打两个滚，踢几脚球，赛几趟跑，捉几回迷藏。风轻俏俏的，草软绵绵的。
<hr width="100%" size="1" color="#00ffee">
唐诗欣赏
<pre>
春晓
春眠不觉晓，
处处闻啼鸟。
夜来风雨声，
花落知多少。
</pre>
<hr width="400" size="3" color="#00ee99" align="left">
<ul type="circle">
<li>唐宋代著名文人</li>
<ol type="A">
<li>宋代的词人：</li>
<li>唐代的诗人：</li>
<ol type="a">
<li>李白</li>
<li>杜甫</li>
<li>王维</li>
</ol>
</ol>
<li>明清的文人</li>
<li>唐朝的建筑</li>
</ul>
版权&copy;:版权所有，违者必究
<address>E-mail:123456@qq.com</address>
</body>
</html>
```

页面效果如图 3-24 所示。

图 3-24　综合实例 HTML 网页

 习题

1. 选择题

① 要在网页中显示"欢迎访问我的主页！"，要求字体为隶书，字体大小为 6。下列语句正确的是（　　）。

A．<P><FONT SIZE=6　TYPE="隶书">欢迎访问我的主页！</FONT>

B．<P><FONT SIZE=+2　FACE="隶书">欢迎访问我的主页！</FONT>

C．<P><FONT SIZE=6　FACE="隶书">欢迎访问我的主页！</FONT>

D．<P><FONT SIZE=+3　STYLE="隶书">欢迎访问我的主页！</FONT>

② 制作 HTML 网页时，加入水平线，应该使用（　　　）标记。

A．<p>　　　　　B．
　　　　　C．<h1>　　　　　D．<hr>

③ 在 HTML 文档中，使用（　　）标签定义的文本在浏览器中显示时，将遵循在 HTML 源文档中定义的格式。

A．<p>　　　　　B．
　　　　　C．<pre>　　　　　D．<center>

④ 如果希望能在网页上显示多个空格，可以使用（　　　　）符号来表示。

A．>　　　　　B． 　　　　　C．"　　　　　D．©

2. 上机题

制作如图 3-25 所示的网页。

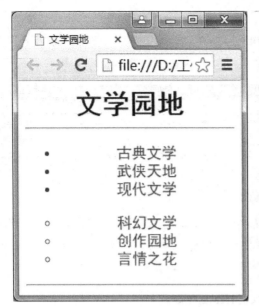

（a）

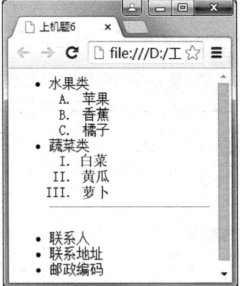

（b）

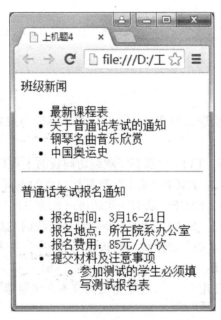

（c）

图 3-25　页面效果图

第4章

超链接的使用

超链接在网页制作中是必不可少的一部分，通过它可以创建网页与网页之间的关系，也可以链接到其他网站，实现网站与网站之间的互连。

 4.1　超链接简介

在浏览网页时，单击一张图片或者一段文字就会跳转到另一个网页，这些功能都是通过超链接来实现的。在 HTML 文件中，超链接的建立非常简单，但是掌握超链接的原理对网页的制作是非常重要的。

在学习超链接之前，需要先了解一下"URL"，所谓 URL（Uniform Resource Locator）是指统一资源定位符，通常包括三部分：协议类型、主机地址、欲访问的文件名。详见1.1 节。

超链接之所以能链接到其他对象，就必须给出目标对象的地址即 URL。超链接通常可分为文本链接、图片链接、外部链接、内部链接、书签链接、电子邮件链接等多种形式，本章将逐一介绍。

4.2　超链接的路径

URL 是每一个文件都具有的路径地址。超链接的路径可分三种：绝对路径、相对路径和根路径。

4.2.1　设置绝对路径

绝对路径是指文件的完整路径，包括完整的协议名称、主机名、路径和文件名。一般用于网站的外部链接，常用的绝对路径有：

```
http://www.bigc.edu.cn/index.asp
```

如果链接的资源和当前页面都在一个网站内，尽量不要使用绝对路径，而要使用相对路径。

4.2.2　设置相对路径

相对路径是指相对于当前文件的路径，以当前文件所在位置为起点进行查找。相对路径是站点内最常用的方法，利用站点内文件夹层次结构，指定从当前文档到所链接的文档的路径。

相对路径主要有以下三种使用方法。

1. 链接到同一目录下的文件

例 4-1　文件 link.html（当前运行的网页文件）和 info.html 位于同一文件夹内，则 info.html相对于 link.html 的路径就是：info.html 即直接写出文件名。

```
文件 link.html:
…
 <a href="info.html ">链接内容</a>
…
```

2．链接到下级目录中的文件

例 4-2　link.html 的路径为 d:\myweb\link.html，图像文件 tree.jpg 的路径如下。

d:\myweb\images\tree.jpg

```
文件 link.html：
…
<a href="images/tree.jpg">链接内容</a>
…
```

3．链接到上级目录中的文件

例 4-3　link.html 的路径为 d:\myweb\link.html，网页文件 page.html 的路径如下。

d:\www\page.html

```
文件 link.html：
…
<a href="../www/page.html">链接内容</a>
…
```

总之，相对路径的三种使用方法见表 4-1。

表 4-1　相对路径的使用方法

相 对 位 置	如 何 输 入
同一目录	直接输入要链接的文件名
链接到上一目录	先输入"../"，再输入目录名和文件名
链接到下一目录	先输入目录名，后加"/"，然后是文件名

4.2.3　设置根路径

　　根路径的设置也适合内部链接的建立，但一般情况下不使用根路径。根路径的使用很简单，以"/"开头，代表根目录，然后写文件的路径及文件名，如/bigc/index.html。

　　在链接站内文件时，通常采用相对路径而不使用绝对路径或根路径。后两者在发生文件夹改名或移动的情况后，所有的链接都会失败，需要做大量的更改工作；而使用相对路径，不需要进行多少更改就能准确链接。

4.3　超链接的应用

4.3.1　超链接的建立

超链接通常使用标记<a>来建立，基本语法如下。

```
<a href="url" title="指向链接显示的文字" target="窗口名称">超链接名称</a>
```

说明：

（1）a 是英文 anchor（锚）的简写，以<a>开始，</a>结束，锚可以指向网络上的任何资

源：一张 HTML 页面、一幅图像、一个声音或视频文件等。

（2）链接标签<a>的属性 href，它是用来标明所要链接文件的路径、名称或网络地址。当链接是同一文件中不同段链接时，href 的值为要链接段的定位名称；当链接是不同文件间链接时，href 的值为要链接文件的文件名；而当链接是内部链接时，href 的值为欲链接的内部文件名；当链接是网络链接时，href 的值为欲链接处的网络地址。

（3）target：有 4 个保留的目标名称用作特殊的文档重定向操作，分别如下。

- _blank：在新窗口中打开被链接文档。
- _self：默认，在相同的框架中打开被链接文档。
- _parent：在父框架集中打开被链接文档。
- _top：在整个窗口中打开被链接文档。

4.3.2　插入内部和外部链接

1．插入内部链接

内部链接是指在同一个站点下不同网页页面之间的链接，其格式如下。

```
<a href="URL">链接内容</a>
```

在 HTML 文件中，需要使用内部超链接时，将 href 属性的 URL 值设置为要链接的文件名，用相对路径表示。

例 4-4　一个带有内部超链接的 HTML 页面，代码如下。

```
<html>
<head>
  <title>插入内部链接</title>
</head>
<body>
内部链接指在同一个站点下不同网页页面之间的链接。在 HTML 文件中，需要使用<a href="index.htm">
内部超链接</a>时，将超链接设置为相对路径就可以链接到站点内的其他网页了。
</body>
</html>
```

页面效果如图 4-1 所示。

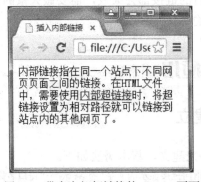

图 4-1　带有内部超链接的 HTML 页面

2. 插入外部链接

外部链接是指单击页面上的链接可以链接到网站外面的网页文件中，其格式如下。

```
<a href=被链接文件名>链接内容</a>或者<a href=网络地址>链接内容</a>
```

外部链接对应的 href 属性的 URL 值设置为绝对路径。

例 4-5　一个带有外部超链接的 HTML 页面，代码如下。

```
<html>
<head>
  <title>插入外部链接</title>
</head>
<body>
外部链接指在同一个站点下不同网页页面之间的链接。在 HTML 文件中，需要使用<a href="http://www.
bigc.edu.cn">外部超链接</a>时，将超链接设置为绝对路径就可以链接到站点外的其他网页了。
</body>
</html>
```

页面效果如图 4-2 所示。

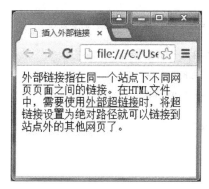

图 4-2　带有外部超链接的 HTML 页面

4.3.3　插入锚链接（书签链接）

在浏览页面时，如果页面篇幅很长，要不断地拖动滚动条，给浏览带来不便，若浏览者既可以从头阅读到尾，又可以很快寻找到自己感兴趣的特定内容进行部分阅读，这时就可以通过书签链接来实现。当浏览者单击页面上的某一"标签"时，就能自动跳到网页相应的位置进行阅读，给浏览者带来方便。

锚链接是可用于网页内的超链接，也可用于不同页面，其格式如下。

（1）在同一页面内要使用书签链接的格式。

```
<a href="#书签名称"  target="窗口名称">链接标题</a>  （链的源头）
```

（2）在不同页面之间要使用书签链接的格式（在不同页面中链接的前提是需要指定好链接的页面地址和链接的书签名称）。

```
<a href="URL 地址#书签名称"  target="窗口名称">链接标题</a>（链的源头）
```

以上两种书签链接形式，链接到的目标为链的归宿：

```
<a name="书签名称">链接内容</a>
```

例 4-6　同一页面内要使用书签链接，文件名为 4-3.htm，代码如下。

```html
<html>
<head>
<title>网页源代码之家</title>
</head>
<body width=300>
<p><br><a name=top>这是起点，我们一起学习关于超链接的使用。</a>
<p>我们一起学习关于超链接的使用，
<p>和大家共同分享网页制作的点点滴滴。
<p><br>希望大家提出宝贵的意见，
<p><a href=http://www.sohu.com>去搜狐看看</a>
<p><a href=3-12.htm>返回</a>
<p><a href=#top>返回顶部</a>
</body>
</html>
```

页面效果如图 4-3 所示。

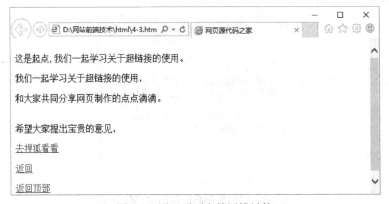

图 4-3　同一页面内使用锚链接

例 4-7　同一页面和不同页面之间均使用书签链接。

① 文件名为 4-4.htm，代码如下。

```html
<html>
<head>
<title>书签链接</title>
</head>
<body>
<p>
<a name="top"><h2>课程介绍</h2></a>
<a href="#T1">数据结构</a><br>
<a href="#T2">计算机组成原理</a><br>
<a href="#T3">计算机网络</a><br>
<a href="#T4">人工智能</a>
<hr>
<br><br>
<h3><a name="T1">数据结构</a> </h3>
```

```
    <p>    《数据结构》是计算机应用技术、网络工程与管理、计算机信息管理、
计算机控制技术以及计算机软件等专业的一门重要专业基础课程,是计算机算法理论基础和软件设计的技术基础。
</p>
    <a href="#top">返回页首</a>
    <h3><a name="T2">计算机组成原理</a> </h3>
    <p>    《计算机组成原理》是计算机专业本科生必修的一门硬件专业基础课,
该课程主要讲解简单、单台计算机的完整组成原理和内部运行机制。</p>
    <a href="#top">返回页首</a>
    <h3><a name="T3">计算机网络</a> </h3>
    <p>    计算机网络是信息管理与信息系统专业本科生的专业课之一。本课程
的容包括:传输介质、局域异步通信、远程通信、差错检测、局域网技术、网络拓扑、硬件编址、网络安全等内
容。</p>
    <a href="#top">返回页首</a>
    <h3><a name="T4">人工智能</a> </h3>
    <p>    人工智能是计算机科学的重要分支,是计算机科学与技术专业的核心
课程之一,也是自动化、电子信息工程等专业的一门重要的选修课程。</p>
    <p><a href="4-5.htm#zhineng">人工智能发展现状介绍</a></p>
    <a href="#top">返回页首</a>
    </body>
    </html>
```

运行 4-4.htm 文件,页面效果如图 4-4 所示。

图 4-4　同一页面内使用锚链接的效果

单击"人工智能发展现状介绍"链接,显示如图 4-5 所示的页面。

图 4-5　不同页面内使用锚链接的效果

② 文件名为 4-5.htm，代码如下。

```
<html>
<head>
<title>人工智能发展现状介绍</title>
</head>
<body>
<h1><font color="#339933">人工智能发展现状介绍</font></h1>
<p>    目前人工智能研究的 3 个热点是：智能接口、数据挖掘、主体及多主
体系统。</p>
<p>    智能接口技术是研究如何使人们能够方便自然地与计算机交流。为了
实现这一目标，要求计算机能够看懂文字、听懂语言、说话表达，甚至能够进行不同语言之间的翻译。</p>
<p>    <a name="zhineng">人工智能</a>的诞生与普及是科技发展的必
然的结果，生命与智能的物理过程终将被人们所解开。而对机器智能对人类的超越及由此造成的威胁的担心也是
必要的。但终究，人工智能是一个兴起的，具有无可匹敌的重大意义的，并将长期使人们为之兴奋的研究话题</p>
<a href="4-4.htm#top">返回</a>
</body>
</html>
```

运行 4-5.htm 文件，页面效果如图 4-5 所示。单击"返回"链接，显示如图 4-4 所示的
页面。

4.3.4　插入图片链接

在浏览网页时，单击图片也可以跳转到其他页面，因为给一个图片指定链接就可以实现
页面跳转。与文本链接方法一样，其格式如下。

```
<a href=被链接文件名 target="目标窗口的打开方式"><img src=图片名称 width=宽度 height=
高度 border=边框></a>
```

说明：<img>标签表示插入的图像文件，其中的 src 属性表示插入图像的路径，width 和
height 表示图像的宽度和高度，border=0 时表示无边框。

例 4-8　带有图片链接的 HTML 页面，代码如下。

```
<html>
<head>
<title>插入图片链接</title>
</head>
<body>
<center>
<h2>图片链接</h2>
<hr>
```

```
<a href="http://www.bigc.edu.cn" target="_blank">
    <img src="images/bigc_logo.jpg" />
</a>
</center>
</body>
</html>
```

页面效果如图 4-6 所示。

图 4-6　带有图片链接的 HTML 页面

4.3.5　电子邮件链接

在 HTML 页面中建立电子邮件链接，用户单击链接，系统会自动启动默认的电子邮件软件，打开一个邮件窗口。

基本语法：

```
<a href="mailto:E-mail 地址[?subject=邮件主题[&参数=参数值]]">链接内容</a>
```

说明：subject 是指邮件主题，参数 cc 是指抄送，bcc 是指暗送，body 是指邮件的具体内容。

例 4-9　带有电子邮件链接的 HTML 页面，代码如下。

```
<html>
<head>
<title>发送邮件</title>
</head>
<body>
    <p>
    这是一个电子邮件链接：
    <a href="mailto:xyz@gmail.com?cc=abc@yahoo.com.cn&
  subject=你好&bcc=a@gmail.com&body=祝你度过快乐的一天！">
    联系我们</a>
    </p>
</body>
</html>
```

页面效果如图 4-7 所示。

这是一个电子邮件链接： 联系我们

图 4-7　一个带有电子邮件链接的 HTML 页面

4.3.6　下载文件的链接

如果希望制作下载文件的链接，只要在链接地址处输入文件所在的位置即可。当浏览器用户单击链接后，浏览器会自动判断文件的类型，以做出不同情况的处理。

基本语法：

```
<a href="url">链接内容</a>
```

例 4-10　下载文件链接的 HTML 页面，代码如下。

```
<html>
<head>
<title>下载文件</title>
</head>
<body>
<p>这是一本电子书：
<a href="网站前端技术.rar">网站前端技术</a>
</p>
</body>
</html>
```

页面效果如图 4-8 所示。

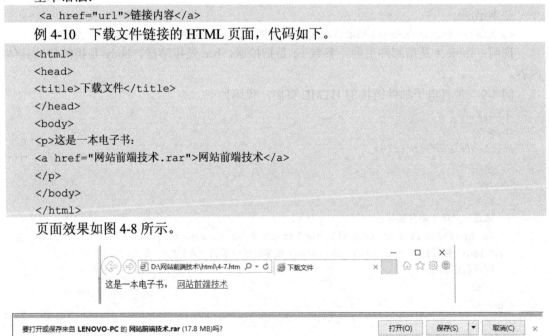

图 4-8　下载文件链接的页面效果

4.4 设置图像映射

图像映射就是在图像上先划分出不同的区域，然后定义哪个目标与图像的哪个区域对应，单击图像的某一区域，就会把用户带到一个目标，单击另一区域，又会把用户带到另外的目标。

其实，图像映射就是将图像内的区域与一系列 URL 链接起来，从而单击特定区域就会把用户带到相应的内容。

1. 基本语法

基本语法如下。

```
<img src="URL" usemap="#图的名称"></img>
<map name="图的名称">
<area shape="" coords=" , , , " href="URL">
</map>
```

2. 说明

① <img>标记表示插入图像文件，src 表示插入图像的路径。

② <map>标记表示插入图像映射。

③ <area>标记表示图像映射区域，其中 shape 属性表示映射区域形状，有以下三种取值：

- "rect"表示矩形区域；
- "circle"表示圆形区域；
- "poly"表示多边形区域。

coords 表示感应区域的坐标。当鼠标指针指向图像的感应区域时，呈现手的标志，此时单击鼠标左键，会链接到 href 属性所指定的网页中。

对于矩形，coords 有四个值：表示矩形区域左上角 X 坐标、左上角 Y 坐标，右下角 X 坐标和右下角 Y 坐标。

对于圆形，coords 有三个值：表示圆心的 X 坐标、Y 坐标及圆的半径值。

对于多边形有多对值，分别表示各顶点的坐标值。

例 4-11 图像映射标记的使用，代码如下。

```
<html>
<head>
  <title>插入内部链接</title>
</head>
<body>
 <center>
<img src="bigc.jpg" width="250" height="150" border="0" usemap="#Map" >
 </center>
<map name="Map">
  <area shape="rect" coords="2,9,149,40" href="http://www.bigc.edu.cn">
```

```
    <area shape="rect" coords="24,99,249,140" href="http://www.pku.edu.cn">
</map>
<br>
<center><b>北京印刷学院是全国唯一一所印刷技术类的大学。</b></center>
</body>
</html>
```

灰底部分对应的语句为图像的不同区域指定了不同的链接，如图 4-9（a）和图 4-9（b）所示。

（a）

（b）

图 4-9　设置图像映射标记

4.5　其他链接

4.5.1　定义基准网址<base>

<base>标签用于为文档中的所有相对链接指定一个基准网址。

1. 基本语法

基本语法如下。

```
<base href="url" target=" " >
```

2. 说明

① href 属性用来设置基准网址，target 设置目标窗口打开方式。<base>标签必须写在头

部，即\<head\>和\</head\>之间。同一个文档中，最多只能用一个\<base\>元素。

② \<base target=_blank\>表示网页中所有的超链接的目标地址都在新建窗口中打开。除 _blank 之外，还有_parent、_self、_top 分别表示父窗口、相同窗口和整页窗口。

例 4-12　基准网址\<base\>标签的应用，代码如下。

```
<html>
<head>
  <title>base 标签</title>
<base href=" http://www.bigc.edu.cn/xxjj/ "  target=_blank>
</head>
<body>
<a href=xxwz>学校位置</a><br>
<a href=lsyg>历史沿革</a>
</body>
</html>
```

页面效果如图 4-10 所示。

图 4-10　基准地址的设置

上面设置基准链接为北京印刷学院学校简介首页 http://www.bigc.edu.cn/xxjj/，并添加两个超链接"学校位置"和"历史沿革"，单击"学校位置"链接时，链接目标路径实际为 http://www.bigc.edu.cn/xxjj/xxwz，它就是在这些相对路径的文件前加上基准链接指向的地址。同样，"历史沿革"链接对应的实际链接地址为 http://www.bigc.edu.cn/xxjj/lsyg。

4.5.2　框架的链接

框架的链接包括普通框架链接和浮动框架链接。浮动框架（\<iframe\>）用来创建包含在另外一个文档中的浮动窗口，实际上就是将一个 HTML 文档嵌入到另外一个 HTML 文档中，如同"画中画"的感觉一样。关于这部分内容详见 6.7 节。

4.6　综合实例

将本章所介绍的主要链接形式应用到一个综合案例中。

例 4-13　一个综合的 HTML 页面，代码如下。

```
<html>
<head>
  <title>综合实例</title>
</head>
<body>
<p><center><b><a name=top>北京印刷学院的简介</a></b></center><br>
```

```
<img src="bigc.jpg" width="150" height="50" border="0" usemap="#Map">
<map name="Map">
<area shape="rect" coords="2,9,149,40" href="http://www.bigc.edu.cn">
</map>
```
　北京印刷学院隶属于北京市，是由国家新闻出版广电总局（原国家新闻出版总署）和北京市人民政府共建的全日制普通高等院校。学校的前身是1958年文化部建立的文化学院印刷工艺系。1978年，经国务院批准，在印刷工艺系基础上组建成立`<a href="http://www.bigc.edu.cn">`北京印刷学院。`</a>`经过57年的发展建设，学校已经成为学科特色鲜明、师资力量雄厚、科学研究创新、办学格局开阔的传媒类大学。
```
<p><a href=#top>返回顶部</a>
<a href="mailto:xyz@bigc.edu.cn?cc=abc@yahoo.com.cn&subject=你好
&bcc=a@gmail.com&body=祝你度过快乐的一天！">联系我们</a>
</body>
</html>
```
页面效果如图 4-11 所示。

图 4-11　综合实例的 HTML 页面

习题

1. 选择题

① 表示新开一个窗口的超链接代码是（　　）。

A．`<a href=URL target="_new">…</a>`

B．`<a href=URL target="_self">…</a>`

C．`<a href=URL target="_blank">…</a>`

D．`<a href=URL target="_parent">…</a>`

② 以下关于锚点说法错误的是（　　）。

A．`<a>`标签的 href 属性用于指定要链接内容的地址。

B．命名锚点使用的标签`<a>`的 name 属性。

C．使用锚点只能链接文档的文本。

D．使用锚点可以链接当前文档中的指定位置，也可以链接其他文档中的指定位置。

③ 以下创建 mail 链接的方法，正确的是（　　）。

A．`<a href="master@163.com">管理员</a>`

B．<a href=" callto:master@163.com " >管理员</a>

C．<a href=" mailto:master@163.com " >管理员</a>

D．<a href=" Email:master@163.com " >管理员</a>

④ 若要在页面中创建一个图像超链接，要显示的图形为 myhome.jpg，所链接的地址为 http://www.pcnetedu.com，以下用法中正确的是（　　）。

A．<a href=http://www.pcnetedu.com " >myhome.jpg</a>

B．<a href=" http://www.pcnetedu.com " ><img src=" myhome.jpg " ></a>

C．<img src=" myhome.jpg " ><a href = " http://www.pcnetedu.com " ></a>

D．<a href =http://www.pcneredu.com><img src=" myhome.jpg " >

2. 上机题

制作如图 4-12 所示的网页。

（a）

（b）　　　　　　　　　　　　　　　　（c）

图 4-12　页面效果图

第 5 章

表格的使用

表格是网页制作中的一种常用的页面布局工具。通过表格可以精确地控制网页各元素在网页中的位置，从而方便页面的排版和布局。

5.1　创建表格

表格由 <table> 标签来定义。每个表格均有若干行（由 <tr> 标签定义），每行被分割为若干单元格（由 <td> 标签定义）。单元格的内容可以包含文本、图片、列表、段落、表单、水平线、表格等。

5.1.1　表格的结构

表格可以使网页分成多个矩形区域，使用<table></table>建立表格。

基本结构：

```
<table>
<tr>
<td></td>
</tr>
</table>
```

说明：<table>标记表示插入表格；<tr>定义行结构，表示插入一行；<td>定义列结构，表示插入一列。

例 5-1　设计一个基本表格的 HTML 页面，代码如下。

```
<html>
<head>
<title>设置基本表格结构</title>
</head>
<body>
<table width="200" border="1" align="left">
  <tr>
    <td> </td>
    <td> </td>
    <td> </td>
  </tr>
  <tr>
    <td> </td>
    <td> </td>
    <td> </td>
  </tr>
  <tr>
    <td> </td>
    <td> </td>
    <td> </td>
  </tr>
</table>
</body>
</html>
```

运行结果如图 5-1 所示。

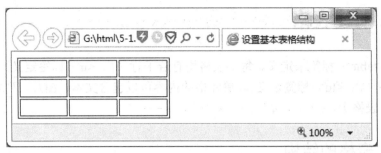

图 5-1　带有基本表格的 HTML 页面

说明：width 表示表格的宽度，border 表示表格的边框，align 表示表格的位置。在以后的学习中会详细讲解。

5.1.2　表格的标题与表头

1．设置表格的标题

在 HTML 文件中，使用成对<caption></caption>标签给表格插入标题。

例 5-2　一个带有表格标题的 HTML 页面，代码如下。

```
<html>
<head>
<title>插入表格标题</title>
</head>
<body>
<table width="470" border="1">
 <caption>计算机软件<caption>
   <tr>
     <td align="center">Dreamweaver</td>
     <td>Photoshop</td>
     <td>Premiere</td>
   </tr>
   <tr>
     <td>Word</td>
     <td>Access</td>
     <td>Excel</td>
   </tr>
</table>
</body>
</html>
```

运行结果如图 5-2 所示。

图 5-2　带有表格标题的 HTML 页面

2. 设置表格的表头

在 HTML 文件中，要将某一行作为表格文件的表头，需用标签<th>表示。表头内容使用的是粗体样式显示，默认对齐方式是居中对齐。

例 5-3　设置表头的 HTML 页面，代码如下。

```
<html>
<head>
<title>设置表格表头</title>
</head>
<body>
<table width="470" border="1" align="center">
    <tr>
      <th>web 技术</th>
      <th>数据结构</th>
      <th>网页设计</th>
    </tr>
    <tr>
      <td>Dreamweaver</td>
      <td>Access</td>
      <td>C++</td>
    </tr>
    <tr>
      <td>photoshop</td>
      <td>premiere</td>
      <td>after effect</td>
    </tr>
</table>
</body>
</html>
```

运行结果如图 5-3 所示。

图 5-3　带有表头的 HTML 页面

 5.2 设置表格属性

制作表格时，通常需要对表格做一些设置，也就是对表格标记属性的一些设置。设置表格属性包括表格的边框属性、边框的样式、表格的宽度和高度、表格的背景色 4 方面的内容。而 HTML5 中，仅保留边框属性即 border 属性，其他属性的功能都可通过 CSS 来实现。

5.2.1 设置表格的边框

在制作网页的过程中，经常需要给表格的边框设置一些属性。例如，边框的粗细和颜色，border 表示表格的边框，bordercolor 表示边框的颜色。

基本语法：

```
<table border="边框宽度"  bordercolor="边框颜色" >
```

例 5-4 一个带有表格边框属性的 HTML 页面，代码如下。

```
<html>
<head>
<title>设置表格的边框属性</title>
</head>
<body>
<table width="200" border="2"  bordercolor="red">
  <tr>
    <td> </td>
    <td> </td>
    <td> </td>
  </tr>
  <tr>
    <td> </td>
    <td> </td>
    <td> </td>
  </tr>
  <tr>
    <td> </td>
    <td> </td>
    <td> </td>
  </tr>
</table>
</body>
</html>
```

运行结果如图 5-4 所示。

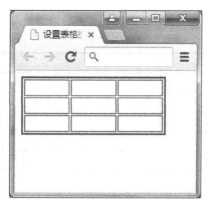

图 5-4 带有表格边框的 HTML 页面

5.2.2 设置边框样式

在 HTML 文件中，对表格边框进行一些特殊样式设置时，需要使用 frame、rules 属性进行设置。

1. 基本语法

```
<table frame="" rules="">
```

2. 说明

① frame 属性设置表格边框的样式，是指最外围的四条边框线。frame 的常见属性见表 5-1。
② rules 属性设置表格内部边框的属性，是指表格内部分割表格的（单元格之间）边框线。rules 的常见属性见表 5-2。
总之，frame 属性控制着表格最外围的四条边框的可见性，而 rules 属性则控制着表格内部边框的可见性。

表 5-1 frame 常见属性

属 性 值	说 明
above	显示上边框
border	显示上、下、左、右边框
below	显示下边框
hsides	显示上、下边框
lhs	显示左边框
rhs	显示右边框
void	不显示边框
vsides	显示左、右边框

表 5-2   rules 常见属性

属　性　值	说　　明
all	显示所有内部边框
groups	显示介于行列边框
none	不显示内部边框
cols	仅显示列边框
rows	仅显示行边框

例 5-5   设置边框样式的 HTML 页面，代码如下。

```html
<html>
<head>
<title>设置表框样式</title>
</head>
<body>
<table frame="hsides" rules="rows">
    <tr>
     <th>web 技术</th>
     <th>数据结构</th>
     <th>网页设计</th>
    </tr>
<tr>
    <td>Dreamweaver</td>
    <td>Access</td>
    <td>C++</td>
    </tr>
<tr>
    <td>photoshop</td>
    <td>premiere</td>
    <td>after effect</td>
 </tr>
</table>
</body>
</html>
```

运行结果如图 5-5 所示。

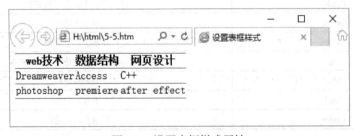

图 5-5   设置表框样式属性

5.2.3　设置表格的宽度和高度

在制作网页的过程中，有时需要给表格设置宽度和高度来适应网页的布局。width 属性用于设置表格的宽度，height 属性用于设置表格的高度。

例 5-6　设置表格的宽度和高度的 HTML 页面，代码如下。

```html
<html>
<head>
   <title>设置表格的宽度和高度</title>
</head>
<body>
  <table width="200" height="40" border="1">
    <tr>
      <td> </td>
      <td> </td>
      <td> </td>
   </tr>
  </table>
  <table width="200" height="80" border="1">
    <tr>
      <td> </td>
      <td> </td>
      <td> </td>
    </tr>
   </table>
</body>
</html>
```

运行结果如图 5-6 所示。

图 5-6　设置表格的宽度和高度的 HTML 页面

5.2.4　设置表格的背景颜色

在制作网页的过程中，通过设置 bgcolor 的属性值可以设置表格的颜色。bgcolor 的属性值可以是十六进制数或英文单词。

例 5-7　一个带有表格背景颜色的 HTML 页面，代码如下。

```
<html>
<head>
<title>设置表格的背景</title>
</head>
<body>
<table width="200" border="1" bgcolor="blue">
<tr>
    <td> </td>
    <td> </td>
    <td> </td>
</tr>
<tr>
    <td> </td>
    <td> </td>
    <td> </td>
</tr>
</table>
</body>
</html>
```

运行结果如图 5-7 所示。

图 5-7　设置表格的背景的 HTML 页面

5.3　设置单元格

5.3.1　设置单元格水平对齐属性

在网页文件中，表格中的水平对齐方式有左对齐、右对齐和居中对齐。设置水平对齐需要给<tr>标签添加 align 属性值。align 的属性值有 left、right 和 center，分别表示左对齐、右对齐和居中对齐。

例 5-8　设置单元格水平对齐的 HTML 页面，代码如下。

```
<html>
<head>
```

```
<title>设置单元格水平对齐</title>
</head>
<body>
<table width="400" border="1">
 <caption>计算机软件<caption>
   <tr align="center">
    <td>Dreamweaver</td>
    <td>Photoshop</td>
    <td>Premiere</td>
   </tr>
   <tr align="right">
    <td>Word</td>
    <td>Access</td>
    <td>Excel</td>
   </tr>
</table>
</body>
</body>
</html>
```

运行结果如图 5-8 所示。

图 5-8　设置单元格水平对齐的 HTML 页面

5.3.2　设置单元格垂直对齐

在网页文件中，表格中的垂直对齐方式有顶对齐、居中对齐、底部对齐和基线对齐。设置垂直对齐需要给<td>标签添加 valign 属性值。valign 的属性值有 top、middle、bottom 和 baseline。

1. 基本语法

基本语法如下。

```
<table>
<tr>
<td valign="">
…
</td>
 </tr>
</table>
```

2. 说明

在 HTML 文件中，常用的 4 种对齐方式如下。

- top 内容顶端对齐。
- middle 内容居中对齐。
- bottom 内容底端对齐。
- baseline 内容基线对齐。

下面用图解释基线的位置：

 Here is my baseline.

基线就是横贯上面文本的黑线。

例 5-9   设置单元格垂直对齐属性的 HTML 页面，代码如下。

```html
<html>
<head>
<title>设置单元格垂直对齐</title>
</head>
<body>
<table width="400" height="80" border="1">
 <caption>计算机软件<caption>
   <tr valign="top">
    <td>Word</td>
    <td>graphic</td>
    <td>English</td>
  </tr>
 <tr>
    <td valign="top">Word</td>
    <td valign="middle">graphic</td>
    <td valign="bottom">English</td>
 </tr>
</table>
</body>
</html>
```

运行结果如图 5-9 所示。

图 5-9   设置单元格垂直对齐的 HTML 页面

5.3.3 设置单元格间距和边距

在网页文件中，设置<table>标签中的 cellspacing 属性值和 cellpadding 属性值就可以设置表格中单元格的间距和边距。使网页中的表格更加美观。

1．设置单元格间距

设置<table>标记中的 cellspacing 属性值就可以设置表格中单元格的间距，使网页中的表格显得不是过于紧凑。

例 5-10　设置单元格间距的 HTML 页面，代码如下。

```
<html>
<head>
<title>设置单元格间距</title>
</head>
<body>
<table width="400" border="1" cellspacing="0">
  <tr>
    <td>网页制作</td>
    <td> </td>
    <td> </td>
  </tr>
  </table>
<br>
<table width="400" border="1" cellspacing="5">
  <tr>
    <td>网页制作</td>
    <td> </td>
    <td> </td>
  </tr>
 </table>
</body>
</html>
```

运行结果如图 5-10 所示。

图 5-10　设置单元格间距的 HTML 页面

2．设置单元格边距

设置<table>标记中的 cellpadding 属性值就可以设置单元格中内容与边框之间的距离。

例 5-11　设置单元格边距的 HTML 页面，代码如下。

```
<html>
<head>
<title>设置单元格边距</title>
```

```
</head>
<body>
<table width="400" border="1" cellpadding="0">
   <tr>
   <td>网页制作</td>
   <td> </td>
   <td> </td>
   </tr>
</table>
<br>
<table width="400" border="1" cellpadding="5">
  <tr>
   <td>网页制作</td>
   <td> </td>
   <td> </td>
  </tr>
</table>
</body>
</html>
```

运行结果如图 5-11 所示。

图 5-11　设置单元格边距的 HTML 页面

5.3.4　合并单元格

在网页文件中，有时需要对表格的单元格进行合并。这时就需要用到<td>标签中的跨行属性和跨列属性，分别用 rowspan 和 colspan 表示。

1．设置表格跨行

例 5-12　设置表格跨行的 HTML 页面，代码如下。

```
<html>
<head>
<title>设置跨行</title>
</head>
<body>
<table width="400" border="1">
  <tr>
   <td> </td>
   <td rowspan="2"> </td>
```

```
    <td> </td>
   </tr>
   <tr>
    <td> </td>
    <td> </td>
   </tr>
   <tr>
    <td> </td>
    <td> </td>
    <td> </td>
   </tr>
</table>
</body>
</html>
```

运行结果如图 5-12 所示。

图 5-12　设置单元格跨行的 HTML 页面

2. 设置表格跨列

例 5-13　设置表格跨列的 HTML 页面，代码如下。

```
<html>
<head>
<title>设置跨列</title>
</head>
<body>
<table width="300" border="1">
   <tr>
    <td> </td>
    <td> </td>
   </tr>
   <tr>
    <td> </td>
    <td width="30%"> </td>
    <td> </td>
   </tr>
   <tr>
    <td colspan="2"> </td>
    <td width="50%"></td>
   </tr>
```

```
</table>
</body>
</html>
```

运行结果如图 5-13 所示。

图 5-13 设置单元格跨列的 HTML 页面

5.4 表格嵌套

在网页文件中，经常需要对表格进行嵌套，即在一个表格的单元格里再嵌入另外一个表格。利用表格的嵌套，一方面可以制作复杂而精美的效果；另一方面可根据布局需要，实现精确的编排。但嵌套的层次越多，网页的载入速度就会越慢。

例 5-14 设置表格嵌套的 HTML 页面，代码如下。

```html
<html>
<head>
<title>表格嵌套</title>
</head>
<body>
<table width="470" border="1" align="center">
  <tr>
    <td width="170"> </td>
    <td width="157" rowspan="3">正文</td>
    <td width="121">新闻链接</td>
  </tr>
  <tr>
    <td><table width="100%" border="1">
      <tr>
        <td> </td>
      </tr>
      <tr>
        <td>导航列表</td>
      </tr>
      <tr>
        <td> </td>
      </tr>
      </table></td>
    <td rowspan="2"> </td>
  </tr>
```

```
<tr>
  <td> </td>
</tr>
</table>
</body>
</html>
```

运行结果如图 5-14 所示。

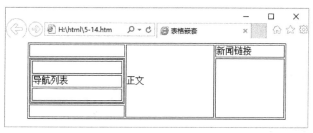

图 5-14　设置单元格嵌套的 HTML 页面

5.5　综合实例

学习了网页中表格的制作和表格属性的设置，下面学习表格在网页中的综合应用。

例 5-15　综合实例的 HTML 页面，代码如下。

```
<html>
<head>
<title>表格的综合应用</title>
</head>
<body>
<table width="470" border="1" align="center">
   <tr>
     <th>网页制作</th>
     <th>视频制作</th>
     <th>编程</th>
   </tr>
<tr>
   <td>Dreamweaver</td>
   <td>After Effect</td>
   <td>C++</td>
  </tr>
<tr>
   <td>Photoshop</td>
   <td>Premiere</td>
   <td>C#</td>
  </tr>
</table>

<table width="470" border="1" align="center">
```

```
<tr>
  <td width="170"> </td>
  <td width="157" rowspan="3">合并单元格</td>
  <td width="121">链接</td>
</tr>
<tr>
  <td><table width="100%" border="1">
    <tr>
      <td> </td>
    </tr>
    <tr>
      <td> </td>
    </tr>
    <tr>
      <td> </td>
    </tr>
  </table></td>
  <td rowspan="2"> </td>
</tr>
<tr>
  <td> </td>
</tr>
</table>
<p> </p></body>
</html>
```

运行结果如图 5-15 所示。

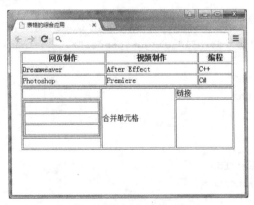

图 5-15　单元格综合实例的 HTML 页面

习题

1. 选择题

① 以下选项中，哪个全部都是表格标记（　　　）。

76

A．<table><head><tfoot>

B．<table><tr><td>

C．<table><tr><tt>

D．<thead><body><tr>

② 请选择可以使单元格中的内容进行左对齐的正确 HTML 标记（　　）。

A．<td align=＂left＂>

B．<td valign=＂left＂>

C．<td leftalign>

D．<tdleft>

③ 以下标记中，用于定义一个单元格的是（　　）。

A．<td> </td>　　　　　　　B．<tr>…</tr>

C．<table>…</table>　　　　　　D．<caption>…</caption>

④ 跨多行的单元格代码为（　　）。

A．<th colspan=#>　　　　　　　B．<table rowspan=#>

C．<td colspan=#>　　　　　　　D．<td rowspan=#>

2. 上机题

在网页里利用表格制作一个课程表，要求整体布局合理、简单实用，根据自己的具体情况调整表格的内容和效果。

第6章

网页框架设计

框架是 Web 网页的重要组成元素之一，利用框架可以把网页在一个浏览器窗口下分割成几个不同的区域，实现在一个浏览器窗口中显示多个 HTML 页面。通过超链接可以使各个框架之间进行联系，从而实现页面导航的功能。本章将对框架进行详细讲解。

6.1　框架

6.1.1　框架的概念

框架是一种在一个网页中显示多个网页的技术，使用框架可以使每个区域显示的内容不同，它的这个特性在"厂"字形的网页中使用极为广泛。

例 6-1　设置页面的框架，代码如下：

```html
<html>
<head>
<title>框架的概念</title>
</head>
<frameset rows="100,*" cols="*" frameborder="NO" border="0" framespacing="0">
  <frame src="http://www.bigc.edu.cn" name="topFrame" scrolling="NO" noresize>
  <frameset rows="*" cols="220,*" framespacing="0" frameborder="NO" border="0">
    <frame src="http://www.sina.com.cn" name="leftFrame" scrolling="NO" noresize>
    <frame src="http://www.sohu.com.cn" name="mainFrame">
  </frameset>
</frameset>
<noframes>
<body>
</body>
</noframes>
</html>
```

运行结果如图 6-1 所示。

图 6-1　框架的 HTML 页面

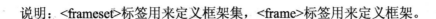

说明: \<frameset>标签用来定义框架集, \<frame>标签用来定义框架。

6.1.2　框架的基本结构

框架的基本结构主要分为框架和框架集两部分。利用\<frame>标签定义框架, \<frameset>标签定义框架集。

1．基本语法

基本语法如下。

```
<html>
<head>
   <title>框架的基本结构<title>
</head>
<frameset>
   <frame>
   <frame>
…
</frameset>
</html>
```

2．说明

① 在网页文件中, 如果使用框架集, 那么网页中的\<body>标签将被\<frameset>标签替代, 再利用\<frame>标签去定义框架结构。

② 常见的分割框架方式有: 左右分割、上下分割、嵌套分割。嵌套分割是指在同一框架集中既有左右分割, 又有上下分割, 是较为综合的框架集。

③ 需要注意的是, 使用框架之前必须先用框架集来定义。frameset 元素和 body 元素不能同时使用。

6.2　框架的设置

6.2.1　框架的文件属性

框架的文件属性是用来设置框架中文件的路径。在 HTML 文件中, 框架加载文件的路径用 src 进行设置。框架中文件的路径可以是相对路径, 也可以是绝对路径。

例 6-2　设置框架的文件属性, 代码如下。

```
<html>
<head>
  <title>设置框架的文件属性</title>
</head>
 <frameset cols="380*,380*">
  <frame src="http://www.bigc.edu.cn">
```

```
<frame src="http://www.pku.edu.cn">
</frameset>
</html>
```

运行结果如图 6-2 所示。

说明：代码中的第 6 行、第 7 行表示设置框架的文件属性即所加载文件的路径，本例给出的是绝对路径表示。

图 6-2　设置框架的文件属性

6.2.2　设置框架的名称

在 HTML 文件中，利用框架<frame>标签中的 name 属性给框架添加名称，以方便各个框架的编辑。在网页中不会显示框架名称。

例 6-3　设置框架名称的页面，代码如下。

```
<html>
<head>
 <title>设置框架名称</title>
</head>
 <frameset cols="380*,380*">
 <frame src="http://www.bigc.edu.cn" name="left">
 <frame src="http://www.pku.edu.cn" name="right">
</frameset>
</html>
```

6.2.3　框架的边框

在 HTML 文件中，利用框架<frame>标签中的 frameborder 属性设置框架时，只能设置框架的边框是否显示，frameborder 值为 0（或 no）时，不显示边框；frameborder 值为 1（或 yes）时，显示边框。默认为 1。

例 6-4 设置框架边框的 HTML 页面，代码如下。

```
<html>
<head>
 <title>设置框架边框</title>
</head>
 <frameset cols="380*,380*">
  <frame src="http://www.bigc.edu.cn" frameborder="0">
  <frame src="http://www.pku.edu.cn" frameborder="1">
 </frameset>
</html>
```

运行结果如图 6-3 所示。

图 6-3 设置了边框的框架的 HTML 页面

6.2.4 框架的滚动条

在 HTML 文件中，框架<frame>标签中的 scrolling 属性用来指定是否在框架窗口边框中显示滚动条，有三种方式设置滚动条：

yes 表示添加滚动条；no 表示不添加滚动条；auto 表示自动添加滚动条（当网页内容的空间比窗口空间大时显示，否则不显示）。

基本语法：

```
<frameset>
  <frame src="URL" scrolling="value">
  <frame src="URL" scrolling="value">
…
</frameset>
```

例 6-5　设置框架的滚动条的 HTML 页面，代码如下。

```html
<html>
<head>
  <title>设置框架滚动条</title>
</head>
 <frameset cols="380*,380*">
  <frame src="http://www.bigc.edu.cn" scrolling="yes">
  <frame src="http://www.bigc.edu.cn" scrolling="no">
 </frameset>
</html>
```

运行结果如图 6-4 所示。

图 6-4　设置了滚动条的框架的 HTML 页面

6.2.5　调整框架尺寸

在 HTML 文件中,利用框架<frame>标记中的 noresize 属性设置不允许改变框架的尺寸。可防止用户浏览时使用鼠标拖动框架间的分割线来调整当前框架的大小。

例 6-6　设置不允许改变框架尺寸的 HTML 页面,代码如下。

```html
<html>
<head>
  <title>调整框架尺寸</title>
</head>
 <frameset cols="380*,380*">
  <frame src="http://www.bigc.edu.cn" noresize>
```

```
    <frame src="http://www.phei.com.cn">
</frameset>
</html>
```

运行结果如图 6-5 所示。

图 6-5　设置不允许改变框架尺寸的页面

6.2.6　设置框架边缘宽度与高度

利用<frame>标记中的 marginheight 和 marginwidth 属性可以设置框架边缘的高度和宽度，边缘是指框架边框与内容之间的距离。其中，marginheight：设定在显示 frame 中的文字之前文字距离顶部及底部的空白距离；marginwidth：设定在显示 frame 中的文字之前文字距离左右两边的空白距离。

例 6-7　设置框架边缘的宽度和高度的 HTML 页面，代码如下。

```
<html>
<head>
  <title>设置框架边缘的宽度和高度</title>
</head>
  <frameset cols="380*,380*">
  <frame src=" http://www.broadview.com.cn.edu.cn " marginwidth="20"
marginheight="20">
  <frame src="http://www.phei.com.cn">
</frameset>
</html>
```

运行结果如图 6-6 所示。

图 6-6　设置框架边缘的宽度和高度

6.3　框架集的设置

6.3.1　框架集边框宽度

在 HTML 文件中，利用框架<frame>标记中的 frameborder 属性设置框架显示效果时，只能设置框架的边框是否显示。而用框架集 <frameset>标记中的 framespacing 属性可以设置框架边框的宽度。

例 6-8　设置框架集边框宽度的 HTML 页面，代码如下。

```
<html>
<head>
 <title>设置框架集边框宽度</title>
</head>
 <frameset cols="380*,380*" framespacing="40">
 <frame src="http://www.bigc.edu.cn">
 <frame src="http://www.phei.com.cn">
</frameset>
</html>
```

运行结果如图 6-7 所示。

图 6-7　设置框架集边框的宽度

6.3.2　设置框架集边框颜色

在 HTML 文件中，利用框架集<frameset>标记中的 bordercolor 属性设置框架边框颜色，bordercolor 后面的属性值可以是表示颜色的英文单词，也可以是以#开头的十六进制数（如#0034ef）。

例 6-9　设置框架集边框宽度的 HTML 页面，代码如下。

```html
<html>
<head>
 <title>设置框架集边框颜色</title>
</head>
 <frameset cols="380*,380*" bordercolor="red">
 <frame src="http://www.bigc.edu.cn">
 <frame src="http://www.phei.com.cn">
</frameset>
</html>
```

运行结果如图 6-8 所示。

图 6-8　设置框架集边框的颜色

6.3.3　框架的分割

1．框架的左右分割

在 HTML 文件中，利用 cols 属性将网页进行左右分割或垂直切割，属性值可接收整数值、百分数。

（1）基本语法

基本语法如下。

```
<frameset cols="*,*">
   <frame src="URL">
   <frame src="URL">
…
</frameset>
```

（2）说明

"*"代表占用余下空间，如 cols="30，*，50%" 可以将页面切成 3 个视窗；第 1 个视窗是 30 像素的宽度，为绝对分割；第 2 个视窗是当分配完第 1 及第 3 个视窗后剩下的空间；第 3 个视窗则占整个画面的 50%，宽度为相对分割。当然，可自行调整数字，如例 6-9 中的 <frameset cols="380*，380*">将整个窗口分成左右相等的两部分。

2．框架的上下分割

在 HTML 文件中，利用 rows 属性可以将网页上下分割，分割方式与左右分割方式相同。

例 6-10　设置框架上下分割的 HTML 页面，代码如下。

```
<html>
<head>
  <title>上下分割</title>
</head>
 <frameset rows="760*,380*">
  <frame src="http://www.bigc.edu.cn ">
  <frame src="http://www.pku.edu.cn ">
</frameset>
</html>
```

运行结果如图 6-9 所示。

图 6-9　上下分割框架的 HTML 页面

说明：代码中的灰底部分表示将框架进行上下分割，下面的大小是上面的一半。

6.4　框架的嵌套

嵌套分割是指一个窗口框架还包含了另一个窗口框架，即整个窗口框架将用多个<frameset>标记建立。典型的应用就是"厂"字形的网页结构，实现时就是在同一框架集中既有左右分割，又有上下分割。

例 6-11　"厂"字形框架的简单实例，代码如下。

```
<html>
<head>
  <title>嵌套分割</title>
</head>
<frameset rows="760*,380*">
  <frame>
<frameset cols="30%,*">
  <frame>
  <frame>
</frameset>
</frameset>
</html>
```

运行结果如图 6-10 所示。

图 6-10　窗口的嵌套分割

6.5　不支持框架

在 HTML 文件中，<noframes>和</noframes>这对标签的作用是当浏览者使用的浏览器太旧，不支持框架这个功能时，看到的会是一片空白。为了避免这种情况，可使用<noframes>标签，当使用的浏览器不支持框架时，就会看到<noframes>和</noframes>之间的内容，而不是一片空白。这些内容可以是提醒浏览转用新的浏览器的字句，甚至是一个没有框架的网页，或能自动切换至没有框架的版本。在此标签对之间，可以紧跟着<body>和</body>标签。这样当浏览器不支持框架时，也会显示处于<body>和</body>内的网页内容。

例 6-12　设置不显示框架的 HTML 页面，代码如下。

```
<html>
<head>
<title>添加不支持框架标签</title>
</head>
<frameset cols="380*,380*">
<frame src="http://www.bigc.edu.cn ">
<frame src="http://www.pku.edu.cn ">
</frameset>
<noframes>
很抱歉！由于您的浏览器版本太低，不支持框架显示内容。
</noframes>
</html>
```

例 6-13　设置框架集边框宽度和<noframes>标签的综合使用，代码如下。

```
<html >
<head>
<title>使用 framespacing 属性设置框架集边框宽度示例</title>
</head>
<frameset cols="40%,*">
  <frame src="append/Frame_a.html" >
  <frameset rows="40%,*" framespacing="40">
  <frame src="append/Frame_b.html" >
  <frame src="append/Frame_c.html" >
  </frameset>
</frameset>
<noframes>
<body>您的浏览器无法处理框架！</body>
</noframes>
</html>
```

运行结果如图 6-11 所示。

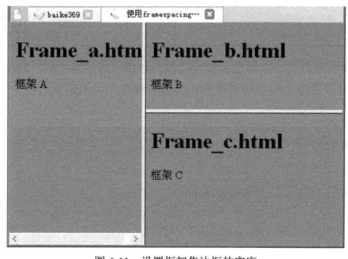

图 6-11　设置框架集边框的宽度

6.6 浮动框架

在浏览网页时会看到在浏览器窗口中有孤立的子窗口，浏览的是其他网页的内容，类似"画中画"的感觉，这就是浮动框架。插入浮动框架使用成对的<iframe></iframe>标签。总之，<iframe>的作用就是在网页中标记出一块区域，使得这块区域可以显示其他内容。

<iframe>标签中的常用属性有 border、frameBoder、marginHeight、marginWidth、scrolling 等，与<frame>中的用法相同，不再重复介绍。

浮动框架与框架的功能基本一样，都是调用其他的页面来显示，但不同点如下。

① iframe 与 frameset 不同，它可以与 body 标签共同出现。

② 框架（frame）是用作多窗口显示的，如左右、上下这样的多窗口显示。而浮动框架（iframe）主要用来嵌入到页面内部，在页面中调用其他页面内容。

浮动框架 iframe 的常用属性见表 6-1。

表 6-1　浮动框架的常用属性

属　　性	说　　明
src	设置源文件属性
width	设置浮动框架窗口宽度
height	设置浮动框架窗口高度
name	设置框架名称
align	设置框架对齐方式
frameborder	设置框架连框
framespacing	设置框架边框宽度
scrolling	设置框架滚动条
noresize	设置框架尺寸
bordercolor	设置框架颜色
marginwidth	设置框架左右边距
marginheight	设置框架上下边距

例 6-14 在网页中设置一个浮动框架，宽度为 550，高度为 400，frameborder 取值为 1 表示显示边框，并设置浮动框架的对齐方式为居中对齐，代码如下。

```
<html >
<head>
<title>浮动框架的设置</title>
</head>
<body>
<b>本网页上设置了浮动框架，用来显示高校的信息！</b>
<iframe src="http://www.bigc.edu.cn/xxjj/xxgk/index.htm" width=550 height=400
frameborder=1 align="center">
</iframe>
</body>
</html>
```

运行结果如图 6-12 所示。

图 6-12　设置浮动框架

6.7　设置框架的链接

在网页设计时，由于框架的导航功能使用十分广泛，故建立框架的超链接就显得尤为重要。框架的链接包括普通框架的链接和浮动框架的链接，下面分别举例说明它们的使用方法。

6.7.1　普通框架添加链接

利用<frameset>标签中的 cols 属性进行左右分割，左边网页文件来自于 left.html，右边网页文件来自于 right.html。

例 6-15　设置普通框架添加链接的 HTML 页面，代码如下。

```
<html>
<head>
 <title>普通框架添加链接</title>
</head>
 <frameset cols="400*,400*">
   <frame src="left.htm">
   <frame src="right.htm" name="right">
 </frameset>
</html>
```

说明：代码中的灰底部分设置了左右框架的源文件属性。

文件 left.htm 的代码如下。

```
<html>
<head>
<title>无标题文档</title>
</head>
<body>
 <p><a href="http://www.pku.edu.cn" target="right">北京大学</a></p>
```

```
<p><a href="http://www.phei.com.cn" target="right">电子工业出版社</a></p>
</body>
</html>
```

说明：设置了左框架内容。

运行代码文件，结果如图 6-13（a）所示，单击"北京大学"链接，显示结果如图 6-13（b）。

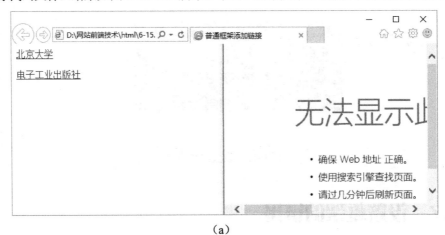

（a）

（b）

图 6-13　普通框架链接

6.7.2　浮动框架添加链接

给浮动框架添加链接，首先定义一个浮动框架，然后将网页中需要显示的内容链接到浮动框架中。

例 6-16　设置浮动框架添加链接的 HTML 页面，代码如下。

```
<html>
<head>
  <title>浮动框架添加链接</title>
</head>
  <body>
```

```
<iframe src="http://www.bigc.edu.cn" width="450" height="380" name="iframe1">
</iframe>
<p><a href="http://www.buu.edu.cn/" target="iframe1">北京联合大学</a></p>
<p><a href="http://www.pku.edu.cn" target="iframe1">北京大学</a></p>
</body>
</html>
```

运行结果如图 6-14（a）所示，单击"北京联合大学"链接，显示结果如图 6-14（b）所示。

（a）

（b）

图 6-14　浮动框架链接

注意：在 HTML5 中，已不支持框架集 frameset 标签的使用，仅支持浮动框架 iframe，对于浮动框架中的诸多属性仅支持 src 属性。

6.8 框架的综合应用

利用框架设计一个"厂"字形网页的布局。

例 6-17 "厂"字形网页的设计，代码如下（文件名为 2.html1）。

```
<html>
<head>
<title>北京印刷学院介绍</title>
</head>
<frameset rows="205,*" cols="*" frameborder="NO" border="0" framespacing="0">
  <frame src="top.html" name="topFrame" scrolling="no" noresize>
  <frameset rows="*" cols="149,*" framespacing="0" frameborder="NO" border="0">
    <frame src="left.html" name="leftFrame" scrolling="auto" noresize>
    <frame src="main.html" name="mainFrame">
  </frameset>
</frameset>
<noframes>
<body>
</body>
</noframes>
</html1>
```

运行结果如图 6-15 所示。

图 6-15 "厂"字形布局

top.html 代码如下。

```
<html>
<head>
  <title>top 框架</title>
```

94

```
  </head>
  <body>
  <div align="center">
    <table width="730" height="84" border="0" align="center">
      <tr>
        <td width="730"><img src="header.jpg" width="730" height="84"></td>
      </tr>
    </table>
  </div>
  </body>
  </html>
```

left.html 代码如下。

```
  <html>
  <head>
    <title>页面导航</title>
  </head>
  <body>
   <table width="150" height="40" border="0" align="right">
      <tr>
      <td height="20">&#8226;</td>
      <td valign="top"><a href="2-1.html" target="mainFrame">北京印刷学院简介</a></td>
      </tr>
      <tr valign="top">
      <td width="9">&#8226;</td>
      <td width="162" valign="top"><a href="2-2.html" target= "mainFrame">机构分布
  </a></td>
      </tr>
      <tr>
      <td>&#8226;</td>
      <td valign="top"><a href="2-3.html" target="mainFrame">学校新闻</a></td>
      </tr>
    <tr>
    <td>&#8226;</td>
      <td valign="top"><a href="http://www.sina.com/" target="mainFrame">外部链接
  </a></td>
      </tr>
  </table>
  </body>
  </html>
```

main.html 的代码如下。

```
  <HTML>
  <HEAD>
  <TITLE>学校图书馆</TITLE>
  </HEAD>
  <BODY>
  <center>
```

```
<img src=library.jpg>
</BODY>
</HTML>
```

其他相关的文件内容在此不再给出，均为文本信息。

运行结果如图 6-16 和图 6-17 所示。

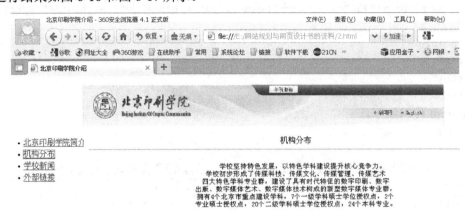

图 6-16　单击"机构分布"链接的效果

图 6-17　单击"外部链接"链接的效果

习题

1. 选择题

① 框架的分割方式有（多选题）（　　）。

A. 上下分割　　　B. 左右分割　　　C. 对角线分割　　　D. 嵌套分割

② 如果要将窗口进行水平的分割，那么要用到（ ）属性。

A．cols   B．rows   C．colspan   D．hr

③ 框架的标记包括（ ）。

A．<frame>   B．<aframe>   C．<iframe>   D．<frameset>

④ 利用框架标记中的 scrolling 属性有哪些方式（ ）？

A．yes   B.no   C.auto   D.name

2. 上机题

制作如图 6-18 所示的网页。

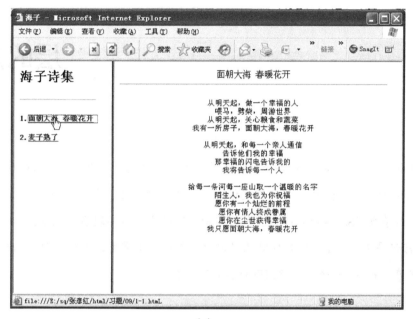

（a）

（b）

（提示：用表格来处理）

图 6-18 页面效果图

第 7 章

层的应用

在网页设计时，能否控制好各个模块在页面中的位置是至关重要的。在对页面进行版面布局时，<div>标记和<span>标记是在定位中两个常用的标记，利用这两个标记，加上 CSS（第 10 章开始学习 CSS 部分）对其样式的控制，可以方便地实现各种效果。

<div>标记早在 HTML3.0 时代就已经出现，但那时不常用，直到 CSS 的出现，才逐渐发挥它的优势，而<span>标记直到 HTML4.0 时才引入。

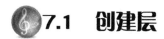7.1　创建层

层是网页制作中用于定位元素或布局的一种技术，比表格的布局更加灵活，能够将层中的内容放在浏览器的任意位置，放入层中的 HTML 元素包括文字、图像、动画甚至是层。网页文件中的<div>（division）是用来创建层的常用标签。

<div>是一个区块容器标记，即<div>与</div>之间相当于一个容器，可以容纳网页中的各种 HTML 元素。

一个网页文件中可使用多个层，层与层之间可以重叠（z-index 属性），而且使用层可将网页中的任何元素布局到网页的任意位置，同时可以以任何方式重叠。

例 7-1　一个带有层的 HTML 页面，代码如下。

```
<body>
<div id="Layer1" style="position:absolute; left:29px; top:12px; width:165px;
height:104px; z-index:1; ">
</div>
</body>
```

7.2　层的属性

7.2.1　层属性的设置

在定义层时，需要设置层的各种属性，常见的属性见表 7-1。

表 7-1　层的属性列表

属　　性		说　　明
id		层的名称
style	position	定位
	width	设置层的宽度
	height	设置层的高度
	left	设置层左边距
	top	设置层顶端间距
	layer-background-color	设置层背景颜色

注：layer-background-color 属性在 IE 下不起作用，是 NetScape4+浏览器专有的属性。在 IE 下的层背景颜色一般用 background-color 属性表示。

在设置层属性时，position 属性将进行绝对定位；利用 width、height 属性进行宽度和高度设置；利用 left、top 属性进行左边距和顶端间距的设置。层叠通过 z-index 属性定义，值越大越在上层，同时上层内容覆盖下层内容。z-index 属性的默认值是 0。

例 7-2　设置层属性的 HTML 页面，代码如下。

```
<html>
```

```
<head>
  <title>层的属性</title>
</head>
<body>
<div id="Layer1" style="position:absolute; left:29px; top:12px; width:165px;
height:104px;
  background-color:red;" >
  <p>北京印刷学院<br>
      图书馆</p>
</div>
</body>
</html>
```

运行效果如图 7-1 所示。

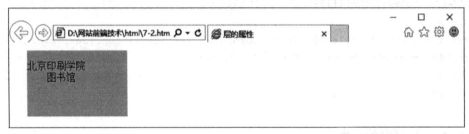

图 7-1　设置层属性的 HTML 页面

7.2.2　层的边框

在设置层属性时，用 border 标签来设置层的边框。

1．基本语法

基本语法如下。

border：<边框宽度>||<边框样式>||<边框颜色>

2．说明

设计边框样式：border-style。边框样式的属性包括 none（不显示边框，为默认值）、dotted（点线）、dashed（虚线）、solid（实线）、double（双直线）、groove（凹型线）、ridge（凸型线）、inset（嵌入式）和 outset（嵌出式）。

7.2.3　层边框的颜色

边框的颜色用 border-color 进行设置。在设置边框颜色时，可以用十六进制的 RGB 值表示，也可以用英文单词表示，见表 7-2。

表 7-2　常见的 16 个颜色关键字

关 键 字	十六进制的 RGB 值	说 明
aqua	#00FFFF	水绿色
black	#000000	墨色
blue	#0000FF	蓝色
fuchsia	#FF00FF	紫红色
gray	#808080	灰色
green	#008000	绿色
lime	#00FF00	酸橙色
maroon	#800000	栗色
navy	#000080	海军蓝
olive	#808000	橄榄色
purple	#800080	紫色
red	#FF0000	红色
silver	#C0C0C0	银色
teal	#008080	水鸭色
white	#FFFFFF	白色
yellow	#FFFF00	黄色

例 7-3　设置层边框属性的 HTML 页面，代码如下。

```
<html>
<head>
  <title>层的属性</title>
</head>
<body>
<div id="Layer1" style="position:absolute;left:29px;top:12px;width:165px;
height:104px;
   background-color:red;border:5px dotted green">
 <p>北京印刷学院<br>
       图书馆</p>
</div>
</body>
</html>
```

运行效果如图 7-2 所示。

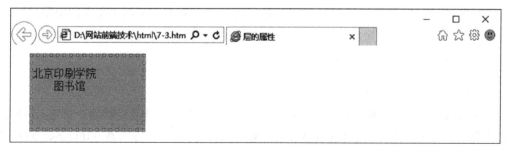

图 7-2　设置层边框属性的 HTML 页面

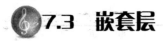 7.3 嵌套层

层的嵌套只要插入多个成对的<div></div>，设置好的层的样式属性就可以完成层的嵌套了。

例 7-4 一个带有嵌套层的 HTML 页面，代码如下。

```
<html>
<head>
  <title>嵌套层</title>
</head>
<body>
<div id="Layer1" style="position:absolute; z-index:1; width:240px; height:115px;
left:14px; top:6px; background-color: #00FF00; border: 1px double #ffff00;">
</div>
<div id="Layer2" style="position:absolute;z-index:2; left:14px; top:3px;
width:210px; height:104px; background-color: blue; border: 5px solid #ffff00;">
  <p>北京印刷学院<br>
      团委</p>
</div>
</body>
</html>
```

运行效果如图 7-3 所示。

图 7-3 带有嵌套层的 HTML 页面

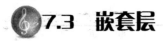 7.4 <span>标签的使用

<span>标签与<div>标签一样，作为容器标签被广泛运用。在<span>与</span>中间同样可以容纳各种 HTML 元素，从而形成独立的对象。<div>标签主要用来定义网页上的区域，通常用于比较大范围的设置，而<span>标签也可以用在区段的定义上，不过一般都是用在网页中某一小段文件段落。其语法如下。

```
<span >......</span>
```

<div>与<span>的差异体现在以下两点。

（1）<div>是一个块级（Block-level）元素，它包围的元素会自动换行，即在<div>区域内的对象与区域外的上下文会自动换行；而<span>仅仅是一个行内元素（Inline-elements），在它的前后不会换行，即<span>区域内的对象与区域外的上下文不会自动换行。

（2）<div>与<span>标签可同时使用，但建议<div>标签可包含<span>标签，但<span>标签最好不要包含<div>标签，否则会造成<span>标签的区域不完整，从而形成断行的现象。

例 7-5　<span>与<div>标签的应用。代码如下。

```
<html>
<head>
<meta http-equiv="Content-Type" content="text/html; charset=UTF-8">
  <title>div 与 span 的区别</title>
</head>
<body>
<p>div 标记不同行: </p>
<div><img src="bigc_logo.jpg" border=0></div>
<div><img src="bigc_logo.jpg" border=0></div>
<div><img src="bigc_logo.jpg" border=0></div>
<p>span 标记同一行: </p>
<span><img src="bigc_logo.jpg" border=0></span>
<span><img src="bigc_logo.jpg" border=0></span>
<span><img src="bigc_logo.jpg" border=0></span>
</body>
</html>
```

运行效果如图 7-4 所示。

图 7-4　<span>与<div>标签的应用

7.5　综合应用

学习了层的使用，本节学习层的综合应用。

例 7-6　一个综合应用的 HTML 页面，代码如下。

```
<html>
<head>
```

```
   <title>层的实际应用</title>
</head>
<body>
   <div id="Layer1" style="position:absolute; left:37px; top:50px; width:165px;
height:104px; background-color:red; border: 5px solid yellow; z-index:2;"><h3>北京
印刷学院</div>
   <div id="Layer2" style="position:absolute; width:300px; height:115px; z-index:1;
left: 17px; top:8px; background-color: blue; border: 2px double #00ff00;">数字媒体技
术</div>
   <div id="Layer3" style="position:absolute; left:47px; top:108px; width:145px;
height:52px; z-index:3"><img src="bigc_logo.jpg" width="150" height="50"></div>
</body>
</html>
```

运行效果如图 7-5 所示。

图 7-5 综合应用的 HTML 页面

习题

1. 选择题

① 在制作 HTML 页面时，页面的布局技术主要分为（　　）。

A. 框架布局　　　　　　　　B. 表格布局

C. DIV 层布局　　　　　　　D. 以上全部选项

② 下列哪些是设置层的属性的（　　）。

A. width　　　　　B. top　　　　　C. left　　　　　D. z-index

③ 哪些网页信息元素可以插入层（　　）。

A. 图像　　　　　B. 动画　　　　　C. 层　　　　　D. 文字

④使层显示在最上面的 z-index 属性值设置是（　　）。

A. z-index:5　　　B. z-index:9　　　C. z-index:0　　　D.z-index:1

2. 上机题

制作如图 7-6 所示的网页。

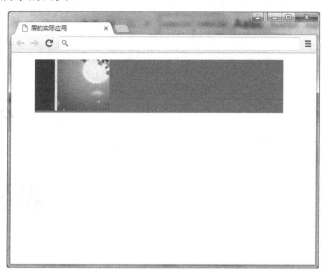

图 7-6　页面效果图

第8章

表单的使用

表单是网页中提供的一种交互式操作手段，主要功能是让用户输入数据，是能提供 Web 服务的主机（即 Web 服务器）获取客户端信息的重要来源。在网页中的使用十分广泛，尤其是网页上注册、登录等功能都需要使用表单。用户可以通过提交表单信息与服务器进行动态交流。

表单主要分为两部分：一是用 HTML 源代码描述的表单，可以直接通过插入的方式添加到网页中；二是提交后的表单处理，需要调用服务器端编写好的脚本（如 CGI 程序）对客户端提交的信息做出回应。因此，HTML 动态网页设计是借助于浏览器端的表单和服务器端的 CGI 程序完成的。它们的关系如图 8-1 所示。创建表单涉及表单标记、表单元素标记及其属性。

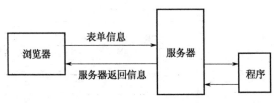

图 8-1　HTML 动态网页原理

8.1　表单

8.1.1　基本概念

在网页文件中，在 HTML 的<form>与</form>标签对内就可以插入表单。

基本语法：

```
<form Name="表单名" Action="url" Method="Post|Get" Enctype="MIME 类型">
…
</form>
```

在表单中可添加使用单行文本（Text）、文本块（TextArea）、复选框（CheckBox）、单选按钮（Radio）、下拉式选择框（Select）或按钮（Button）等界面对象，以便接收用户输入的数据。其作用是从用户方收集信息，当用户填好表单上所需信息并单击表单中的命令按钮后，便提交了他们的输入数据，服务器便可收集来自客户端的以表单形式发过来的信息。

8.1.2　表单的属性

<form>标签的主要作用是设定表单的起止位置，并指定处理表单数据程序的 URL 地址。

1. action 属性

用于设定处理表单数据程序的 URL 地址，即设置将表单数据提交给谁处理。若动态网站采用 ASP 技术，通常设为某一个 ASP 页面，若将表单数据提交给某个指定的电子邮件信箱时，格式为：

```
action=mailto:你的邮件地址
```

此时，必须指定表单的 enctype 值为"text/plain"。

2. method 属性

指定表单的资料传到服务器的方式，取值为 POST 或 GET 方式。如果表单处理很简单，所提交的数据很少，并且该数据的安全性并不重要，那么采用 GET 方式比较好，该方式将输入的数据加在 action 指定的 URL 地址后面，并在 URL 地址与表单数据间加一个"?"分隔符，表单的各数据项用"&"隔开，然后将形成的 URL 地址串发送给服务器。GET 方法一次最多只能传递 1KB 的数据，这是一种最简单的从客户端向服务器传输数据的方法。而 POST 方式是将表单数据作为一个独立的数据块，按照 HTTP 协议的规定直接发送给服务器，长度不受限制，并且在浏览器的请求地址内也看不到用户的输入信息。一般提交的数据量较多时采用 POST 方法。

3. enctype 属性

该属性指定以何种编码方式来传送表单的资料。默认采用 URL 编码方式，即

"application/x-www-form-urlencoded"。

8.2 输入标签<input>

8.2.1 表单元素标记

在表单中添加界面对象才能实现接收数据的目的。<input>标签用来定义一个用户可以在表单上输入信息的输入域（输入单元），每个输入域有其特有的类型和相应的名称。一般格式为：

```
<input name="myname" type="mytype">
```

表单元素标记属性主要有 name（元素的名称）和 type（元素类型），其中 type 的取值如下。

- 单行文本框 type=text。
- 口令框 type=password。
- 隐藏表单域 type=hidden。注意：隐藏表单域不会显示出来，用户当然无法更改其数据。通过隐藏表单域，可悄悄向服务器发送一些用户不知道的信息。
- 复选框 type=checkbox。
- 单选钮 type=radio。

表单中可使用的命令按钮有提交命令按钮（submit）、复位命令按钮（reset）和普通命令按钮（button）三种，具体如下。

- 普通命令按钮 type=button
- 提交命令按钮 type=submit。
- 复位命令按钮 type=reset。

其中，提交命令按钮具有内建的表单提交功能；复位命令按钮内建有重置表单数据的功能；普通命令按钮不具有内建的行为，这意味着它只是一个按钮，而不会引发表单的提交。可通过指定事件处理函数来为命令按钮指定具体的操作，因此通用性更强。另外，普通命令按钮可用在表单中，也可脱离表单直接使用。

总之，使用表单元素可以完成：

① 创建文本框和密码框；
② 创建多行文本；
③ 创建复选框；
④ 创建单选钮；
⑤ 创建按钮；
⑥ 创建列表框式的菜单。

8.2.2 文本框

将<input>标签中 type 属性值设为 text 即可在表单中插入单行的文本框。
基本语法：

```
<form><input name="text" type="text" maxlength=" " size=" " value=" ">
</form>
```

例 8-1　一个带有文本框的 HTML 页面，代码如下。

```
<html>
  <head>
    <title>插入文本框</title>
  <head>
  <body>
<form ><input  name="text"  type="text"  maxlength="8"  size="5"  value="1">
</form>
  </body>
</html>
```

运行效果如图 8-2 所示。

图 8-2　带有文本框的 HTML 页面

8.2.3　密码框

将<input>标签中 type 属性值设为 password 即可在表单中插入密码框。

密码框也称为口令输入框，是单行文本域的一种特例，外观与单行文本域一样，但当用户输入数据时，数据会用"*"替代显示，常用于密码输入。

例 8-2　一个带有密码框的 HTML 页面，代码如下。

```
<html>
  <head>
    <title>插入密码框</title>
  <head>
  <body>
<form ><input  name="password"  type="password"  maxlength="10" size="5" >
</form>
  </body>
</html>
```

运行效果如图 8-3 所示。

图 8-3　带有密码框的 HTML 页面

8.2.4　单选框、复选框

单选框常用于单项选择，复选框允许多选，常用于多项选择。在表单中插入单选按钮，只要将<input>标记中 type 属性值设为 radio 即可插入单选按钮。

单选按钮的格式为：

```
<input type="radio" name="对象名" value="值" [checked]>选项文本
```

单选项常成组使用，为了将多个单选按钮定义成一组，需将各选项的 name 属性值设为相同。因为单选按钮只能选择一项，这个名字是用来标识单选按钮的。使用 checked 属性可以把单选按钮设置为默认选中的状态。

在表单中插入复选框的基本语法：

```
<form ><input name="对象名" type="checkbox"  value="值" [checked]>选项文本
</form>
```

一个<input type="checkbox">标签产生一个复选项，有多少个选项，就用多少个<input>标签。若选用 checked，则该复选项呈选中的状态。

例 8-3　一个带有复选框的 HTML 页面，代码如下。

```
<html>
<head>
<title>插入复选框</title>
</head>
<body>
<form>
爱好：
<input type="checkbox" name="like1" value="计算机科学与技术">计算机科学与技术
<input type="checkbox" name="like2" value="电子信息工程">电子信息工程
<input type="checkbox" name="like3" value="数字媒体技术">数字媒体技术
<input type="checkbox" name="like4" value="自动化" checked>自动化
</body>
</html>
```

运行效果如图 8-4 所示。

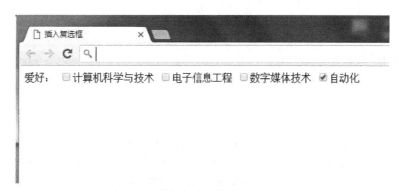

图 8-4　带有复选框的 HTML 页面

例 8-4　试用单选钮为用户提供一组职业选项，供用户选择，代码如下。

```html
<html>
<head>
<title>插入单选框</title>
</head>
<body>
<form>
您的职业是:
<input type="radio" name="vocation" value="teacher">教师
<input type="radio" name="vocation" value="student">学生
<input type="radio" name="vocation" value="worker">工人
<input type="radio" name="vocation" value="engineer" checked>工程师
</form>
</body>
</html>
```

运行效果如图 8-5 所示。

图 8-5　带有单选框的 HTML 页面

8.2.5　图像域

图像域即定义图像形式的提交按钮，单击该按钮时，浏览器会将表单的输入信息传送给服务器。

基本语法:

```html
<form ><input name="image" type="image" src="url" width="" height="" border="">
</form>
```

说明: image 类型中的 src 属性是必需的，它用于设置图像文件的路径。

例 8-5　一个带有图像域的 HTML 页面，代码如下。

```html
<html>
<head>
  <title>插入图像域</title>
<head>
<body>
   <form>
爱好：
<input type="checkbox" name="like1" value="计算机科学与技术">计算机科学与技术
<input type="checkbox" name="like2" value="电子信息工程">电子信息工程
<input type="checkbox" name="like3" value="数字媒体技术">数字媒体技术
<input type="checkbox" name="like4" value="自动化" checked>自动化
<input name="image" type="image" src="timg.jpg" width="80" height="160" border="0"
value="提交">
  </form>
</body>
</html>
```

运行效果如图 8-6 所示。

图 8-6　带有图像域的 HTML 页面

8.2.6　隐藏域

当 type=hidden 时，表示输入项将不在浏览器中显示。

例 8-6　一个带有隐藏域的 HTML 页面，代码如下。

```html
<html>
  <head>
    <title>插入隐藏域</title>
  <head>
  <body>
<form ><input name="h1" type="hidden" value="">
</form>
  </body>
</html>
```

8.2.7　多行文本域

Type="text"的文本框是单行文本框，只能插入单行文本信息。而多行文本域的格式为：

```
<textarea name="对象名"  rows="行数"  cols="列数" [readonly]>初始文本
</textarea>
```

其中 readonly 为可选项，若选用，则多行文本域变为只读。

8.2.8　按钮

在表单中插入标准按钮，将<input>标签中 type 属性值设为 button；插入提交按钮，将
<input>标签中 type 属性值设为 submit；插入重置按钮，将<input>标签中 type 属性值设为
reset。

例 8-7　创建一个输入个人简历的简单表单，并通过提交按钮将表单提交给 Web 服务器
端的程序处理，代码如下。

```
<html>
<head>
<title>
</title>
</head>
<body>
<form method=post  action="/CGI-BIN/ORDER.ASP" >
 <p>你的姓名: <input type=text name=aa size=50 maxlength=45> </p>
 <p>你的出生日期: <input type=text name=bb VALUE="MM/DD/YY"  DISABLED> </p>
 <br>输入简历:
 <br><textarea name=cc cols=40 rows=10 > </textarea>
 <br>填写说明:
 <br><br>
<textarea name=cc cols=40 rows=4 readonly >
 简历内容从大学时间开始填写
</textarea>
<br>
<Input Type=submit name=e value=提交>
<Input Type=reset name=f value=复位>
</form >
</body>
</html>
```

注：第 9 行<input type=text name=bb VALUE="MM/DD/YY" DISABLED>中的 DISABLED
属性表示禁用该 input 元素。

显示结果如图 8-7 所示。

图 8-7　文本框及按钮表单

8.2.9　下拉菜单和滚动列表

在网页文件中，使用<select>和<option>标签可以实现下拉菜单和滚动列表。
基本语法：

```
<form >
<select name="" size="列表的高度" [Multiple]>
<option value="该列表项的值" [selected] > 列表项文本 1 </option>
<option value="该列表项的值" [selected] > 列表项文本 2</option>
  …
</select>
</form>
```

说明：size 是指一次能看到的列表项的数目，若设置为 1 或不设置，则为下拉式列表框，若设置为大于或等于 2 的值，则为滚动式列表框（或称列表）。Multiple：若选中则允许多项选择；<option>和</option>标记用于定义具体的列表值，每一个<option>定义一个菜单项；select 为可选项，用于指定默认的候选项，只能有一个列表项可选用该参数。

例 8-8　一个带有下拉菜单和滚动列表的 HTML 页面，代码如下。

```
<html>
  <head>
    <title>插入下拉菜单和列表</title>
  <head>
 <body>
<form >
```

```
<br>所处专业:
<select  name="科目" size=4 >
        <option  value="1">计算机
        <option  value="2">数字媒体技术
        <option  value="3">自动化
        <option  value="4">通信工程
        <option  value="5">电子信息
</select>
<br><br>
<br>所在的年级:
    <select  name="年级"  >
      <option  value="1">大一
      <option  value="2">大二
      <option  value="3" selected>大三
    </select>
</form>
</body>
</html>
```

运行效果如图 8-8 所示。

图 8-8　带有下拉菜单和列表的 HTML 页面

8.2.10　插入文件域

在表单中插入文件选择输入框，只要将<input>标签中 type 属性值设为 file 即可插入文件选择输入框。

基本语法:

```
<form>
<input name="file " type="file" >
</form>
```

例 8-9　插入文件域的 HTML 页面，代码如下。

```
<html>
<head>
<title>表单中文件选择输入框</title>
</head>
<body>
```

```
<form action=" index.aspx " method="post">
<p>
    请选择文件<br>
    <input type="file" name="uploadfile" size="40">
</p>
<div>
    <input type="submit" value="上传" name="Send">
</div>
</form>
</body>
</html>
```

运行效果如图 8-9 所示。

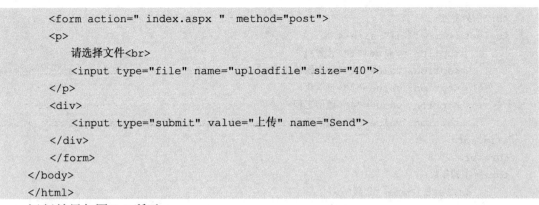

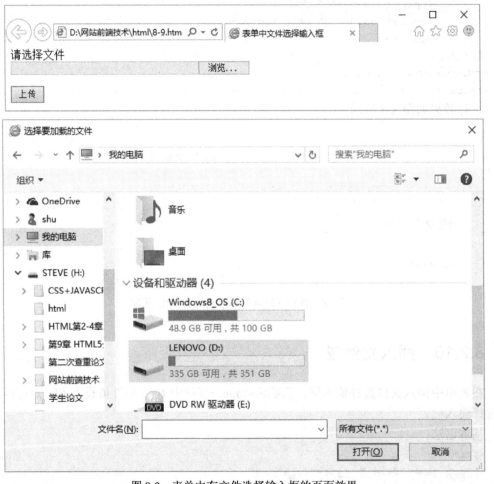

图 8-9　表单中有文件选择输入框的页面效果

注意：HTML5 新增了许多新控件及其 API，方便做更复杂的应用。这些新的表单类型为网页设计提供了更好的输入控制和验证方法，如 color（颜色选择器）、date（日期选择器）、datetime（日期时间选择器）、month（月份选择器）、search（搜索输入框）、url（Web 地址输入框）、tel（电话号话输入框）等。但这些功能不能被 IE 支持，大部分能在 Chrome、Opera 或 Firefox 三大浏览器中运行，本书不再一一介绍。

8.3　表单综合实例

例 8-10　利用表单标签，制作一个用户注册的页面，代码如下。

```html
<html>
<head>
<title>表单应用</title>
</head>
<body>
<form name="form1" method="post" action="">
<table width="408" border="1" align="center">
    <tr>
      <td width="34" height="32"> </td>
      <td colspan="2">用户注册</td>
    </tr>
    <tr>
      <td> </td>
      <td width="83"><div align="right">用户名：</div></td>
      <td width="269"><input type="text" name="textfield"></td>
    </tr>
    <tr>
      <td> </td>
      <td><div align="right">密码：</div></td>
      <td><input type="password" name="textfield2"></td>
    </tr>
    <tr>
      <td> </td>
      <td><div align="right">确认密码：</div></td>
      <td><input type="text" name="textfield3"></td>
    </tr>
    <tr>
      <td> </td>
      <td><div align="right">性别：</div></td>
      <td><input type="radio" name="radiobutton" value="radiobutton">
        男
        <input type="radio" name="radiobutton" value="radiobutton">
        女</td>
    </tr>
    <tr>
      <td> </td>
      <td><div align="right">爱好：</div></td>
      <td><input type="checkbox" name="checkbox" value="checkbox">
        体育
        <input type="checkbox" name="checkbox2" value="checkbox">
        音乐
        <input type="checkbox" name="checkbox3" value="checkbox">
        文学
```

117

```
        <input type="checkbox" name="checkbox4" value="checkbox">
        其他</td>
    </tr>
    <tr>
      <td> </td>
      <td><div align="right">特长：</div></td>
      <td><select name="select">
      </select></td>
    </tr>
    <tr>
      <td> </td>
      <td><div align="right">联系电话：</div></td>
      <td><input type="text" name="textfield4"></td>
    </tr>
    <tr>
      <td> </td>
      <td><input type="submit" name="Submit" value="提交"></td>
      <td><input type="reset" name="Submit2" value="重置"></td>
    </tr>
  </table>
</form>
</body>
</html>
```

运行效果如图 8-10 所示。

图 8-10 表单综合实例的 HTML 页面

习题

1. 选择题

① 增加表单的文本域的 HTML 代码是（　　　）。

A．<input type=submit></input>

B. <textarea name= " textarea " ></textarea>

C. <input type=radio></input>

D. <input type=checkbox></input>

② 以下关于<select>标签说法正确的是（　　　）。

A. <select>定义的表单元素在一个下拉菜单中显示选项

B. rows 和 cols 属性可以定义其大小

C. <select>定义的表单元素是一个单选按钮

D. <select>定义的表单元素通过改变其 multiple 属性取值可以实现多选

③ 现要设计一个可以输入电子邮件地址的 Web 页，应该使用的语句是（　　　）。

A. <input type=radio>

B. <input type=text>

C. <input type=password>

D. <input type=checkbox>

④ （　　　）表单域用户输入的内容会变成星号或圆点。

A. password　　　　　　B. textarea　　　　　　C. radio　　　　　　D. text

2. 上机题

在网页中设计一个申请电子邮箱的表单，如图 8-11 所示。

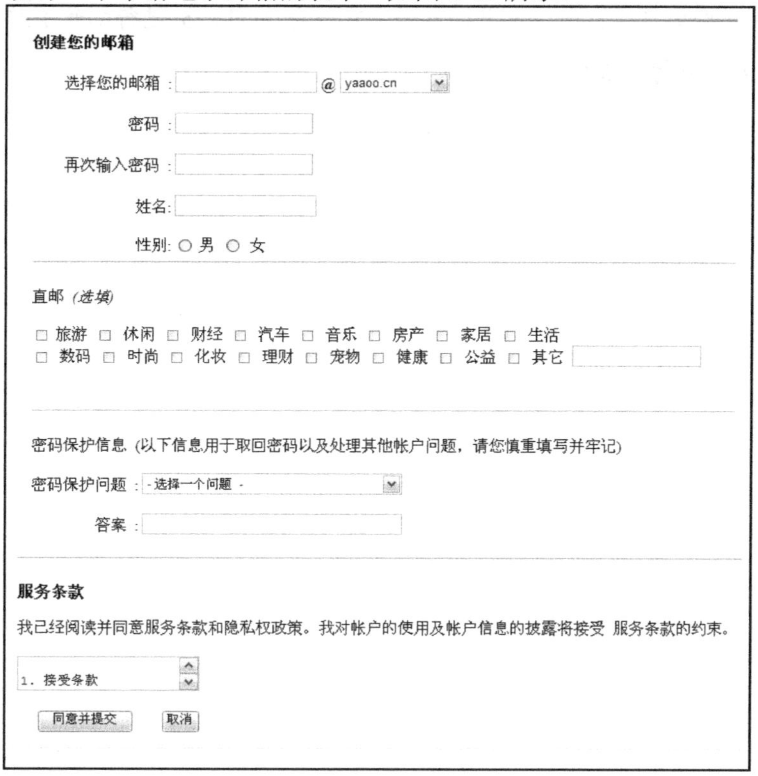

图 8-11　申请电子邮箱的表单

第 9 章

HTML5 基本介绍

在学习 HTML5 之前，有必要了解一下相关背景，什么是 HTML5？它与 HTML4 有什么区别？新增加了哪些特性？通过本章的学习，可以对 HTML5 进行初步了解，了解新的标签，为后续深入学习打下基础。

9.1　认识 HTML5

9.1.1　HTML5 的发展史

HTML 作为 Web 的统一语言，其版本在不断地发展与完善，从诞生至今，HTML 有第1 版、HTML2.0、XHTML1.0、HTML3.2、HTML4.0、HTML4.01、ISOHTML 和 HTML5 共8 个版本。其中 HTML5 是 HTML 标记语言的第 5 次重大修改，是最具有跨时代意义的一个版本。因为 HTML5 在之前版本的基础上做了大量更新，增加了许多新的、功能强大的元素。由于 HTML5 能够快速方便地解决很多实际问题，各大主流浏览器（Chrome、Firefox、Safari、Opera、IE10 以上的版本）能较好地支持它的新功能。于是，HTML5 快速地融入到网页设计中。

9.1.2　HTML5 与 HTML4 的差异

HTML5 与 HTML4 在架构上有较大的不同，但基本的标签语法并没有很大改变。广义的 HTML5 除了本身的 HTML5 标签外，还包含了 CSS3 与 JavaScript。下面列出 HTML5（简写 H5）与 HTML4 的较大差异。

1．语法简化，废除旧标签

HTML 的 DOCTYPE、meta、script 等标签，在 H5 中被简化。H5 新增了标签，也废除了一些网页美化的旧标签，如<font>、<big>、<u>等。在前面各章的学习中也提及了这一点。

2．统一网页内嵌影音的语法

H5 之前在网页中播放影音，使用 Flash 插件的方式，而 H5 使用<video>或<audio>标签播放影音，不再需要安装额外的插件。

3．新增语义标签

为了提高网页的可读性，H5 增加了<header>、<footer>、<section>、<article>等标签。强调网页的结构化。这样易于被搜索。

4．全新的表单设计

由于在网页设计中表单所处的重要地位，H5 在这方面做了较大更改，新增了标签，针对原来的<form>标签也增加了许多属性。

5．利用<canvas>标签绘制图形

H5 新增了具有绘图功能的<canvas>标签，利用它再结合 JavaScript 语法在网页上画出线

条和图形。

6．提供 API 开发网页应用程序

H5 提供了多种 API 供设计者使用，如 Web Storage 让设计者可将少量数据存储在客户端，实现了数据的本地存储。

9.1.3　HTML5 废除的标签

H5 废除了一些旧的标签，目前，这些标签可能仍在某些网页中使用，H5 具有向下兼容的特征。表 9-1 列出常用的 HTML5 废除的标签。

表 9-1　HTML5 废除的标签

标　　签	描　　述	替 代 标 签
<applet>	内嵌 Java Applet	改用<embed>或<object>标签
<acronym>	缩写词	改用<abbr>标签
<dir>	目录列表	改用<ul>标签
<frame>	框架设置	改用 CSS 搭配<iframe>标签
<frameset>	框架集声明	
<noframes>	浏览器不支持框架时的显示	
<basefont>	指定基本字体	改用 CSS
<big>	放大字体	
<center>	居中	
<font>	字体设置	
<marquee>	滚动字幕	
<s>	删除线	
<strike>	删除线	
<spacer>	插入空格	
<tt>	等宽字体显示	
<u>	下画线	
<bgsound>	插入背景音乐	改用<audio>标签

9.2　HTML5 的新功能

简而言之，HTML5 有两大特点：一是强化了 Web 网页的表现性能；二是追加了本地数据库等 Web 应用的功能。为了更好地设计网页，HTML5 引入了几个新的标签，如利用<canvas>标签，可以生成各种图形、图像及动画等。

不仅如此，制约 Web 应用最大的问题在于网络的连接问题。有些地方可能无法被网络

信号所覆盖，因此 Web 应用也就无法使用。HTML5 的离线存储功能使得制约 Web 应用的网络问题迎刃而解。用户可离线访问应用，对于无法随时保持联网状态的移动终端用户来说尤其重要。

HTML5 还有很多新特性和功能，下面逐一介绍。

9.2.1　HTML5 声明

标准的 HTML 文件在文件最开始部分（即<html>标签之前），都必须使用<!DOCTYPE>（标准通用标记语言的文档类型声明的标签）声明使用的标准规范，此标签可告知浏览器文档使用哪种 HTML 或 XHTML 规范。在 HTML4 中，<!DOCTYPE>命令规定了 HTML 文档的 3 种规范（即模式）：严格标准模式（HTML 4 Strict）、近似标准模式（HTML 4 Transitional）和近似标准框架模式（HTML 4 Frameset）。<!DOCTYPE>命令必须很清楚地声明使用何种标准，以严格标准模式来说，其语法如下：

```
<!DOCTYPEHTML PUBLIC "-//W3C//DTD HTML 4.01//EN" "http://www.w3.org/TR/html4/
strict.dtd">
<meta http-equiv="Content-Type" content="text/html;charset=utf-8" />
<link rel="stylesheet" type="text/css" href=""/>
<script type="text/javascript"></script>
```

上面这段代码片段代表着 HTML4.01 的文档类型申明和字符编码申明，以及引入 JavaScript 和 CSS 时要书写的内容，非常烦琐。

HTML5 的设计准则中提到，需要避免不必要的复杂性，化繁为简。Web 页面的 DOCTYPE 被极大地简化了。在 HTML5 中，可以看到，同样的功能简化成如下形式。

```
<!DOCTYPE html>
<html>
<meta charset="utf-8" />
<link rel="stylesheet" href="" />
<script src=""></script>
```

使用新的<! DOCTYPE>后，浏览器默认以标准模式显示页面。

9.2.2　语义化标签

为了更好地适用于当前的互联网应用，HTML5 添加了很多新元素及功能，比如图形的绘制、多媒体内容的处理、更好的页面结构和处理形式、应用程序缓存及存储等。

一系列新的语义元素是 HTML5 的主要新功能之一。在 HTML4 中，若对页面进行分栏处理、添加标题栏、导航栏或页脚区时，通常的做法是使用<div>标签指定 id 属性名称，再加上 CSS 语法达到想要的效果。

例 9-1　两栏式网页架构的实现，代码如下。

```
<html>
<head>
<title>两栏式网页结构</title>
<style type=text/css>
<!--
```

```
body{
margin:0px;
font-size:24px;
font-family:Arial;
}
#header{
position:relative;
width:100%;
height:50px;
text-align:center;
background-color:blue;
}
#nav{
height:20px;
border:1px solid #000000;
text-align:center;
background-color:#a2d9ff;
padding:10px;
margin-bottom:2px;
}
#section{
float:left;
height:30px;
width:610px;
text-align:center;
border:1px solid #000000;
padding-right:200px;


}
#article{
float:left;
width:610px;
height:50px;
padding-top:10px;
text-align:center;
border:1px solid #000000;
padding-right:200px;
}
#aside{
float:right;
width:550px;
height:95px;
border:1px solid #000000;
margin-left:-200px;
margin-top:-35px;
text-align:center;
}
```

```
#footer{
clear:both;
text-align:center;
height:30px;
border:1px solid #000000;
}
-->
</style>
</head>
<body>
<div id="header">id=header</div>
<div id="nav">id=nav</div>
<div id="section">id=section</div>
<div id="article">id=article</div>
<div id="aside">id=aside</div>
<div id="footer">id=footer</div>
</body>
</html>
</body>
</html>
```

运行结果如图 9-1 所示。

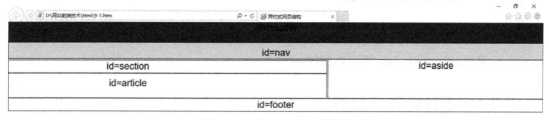

图 9-1　两栏式网页架构效果

注意：代码中涉及的 CSS 定义即<style></style>部分，参见本书的 CSS 教程的相关内容。

通常<div>标签中的 id 属性名的命名是自由的，并不固定，若大家随意命名 id，让 id 名称与架构完全无关，就很难从名称上来判定网页的架构，而且文件中过多的<div>代码会让该文件不易阅读和理解。故 HTML5 统一了网页架构的标签，去掉多余的<div>，而用一些容易识别的语义标签来代替，如下所示。

- header：显示网站名称、主题或者主要信息。可能是文档的标题，但也可能是文档中一个区域的头部。
- nav：用于文档中的导航区域，这个区域包含其他文档或同一文档其他领域的链接。
- section：用于章节和段落。表示一段专题性的内容，一般会带有标题。section 应用的典型场景有文章的章节、标签对话框中的标签页，或者论文中有编号的部分。
- article：比 section 具有更明确的语义，用于定义主内容区。无论从结构上还是内容上来说，article 本身是独立的、完整的，是文档或网站的一个独立部分，如论坛帖子、博客条目或用户提交的评论。
- aside：用于侧边栏，页面的一个区域，它和周围的内容关系不大。它可以被视为单

125

独的一部分，像一篇杂志文章的侧边栏。

- footer：文档或文件区域的页脚，用来放置版权声明、作者等信息。
- hgroup：用来对标题元素进行分组。当标题有多个层级（即副标题）时，<hgroup> 元素被用来对一系列<h1>～<h6>元素进行分组。

上述的结构化语义标记可自由配置，写法如下。

```
<body>
<header>网站主题</header>
<hgroup>各级标栏</hgroup>
<nav>链接菜单</nav>
<article>
主内容
<section>
  章节段落
</section>
</article>
<aside>侧边栏</aside>
<footer>页脚</footer>
</body>
```

9.3 新增标签介绍

在 HTML5 中主要增加的新标签包括用于媒介播放的 video 和 audio 标签，用于绘画的 canvas 标签和 calendar，date 等表单控件。

9.3.1 视频标签与属性

在网页文件中，大多数视频是通过插件（如 Flash）来显示的。但并非所有浏览器都拥有同样的插件。所以在 HTML5 中，制定了一种通过 video 元素来包含视频的标准方法。

html5 支持三种视频格式，包括 Ogg、MPEG4 和 WebM。

video 标签的使用格式如下。

```
<video src="movie.ogg" controls="controls"></video>
```

video 标签的属性如下。

- autoplay：用于设置视频是否自动播放，是一个布尔属性。当出现时，表示自动播放，去掉表示不自动播放。
- controls：用于向浏览器指明页面制作者没有使用脚本生成播放控制器，需要浏览器启用本身的播放控制栏。控制栏必须包括播放暂停控制、播放进度控制、音量控制等。每个浏览器默认的播放控制栏在界面上不一样。
- height：设置视频播放器的高度。
- width：设置视频播放器的宽度。
- loop：用于指定视频是否循环播放，同样是一个布尔属性。
- preload：用于定义视频是否预加载，属性有 3 个可选择的值：none（不进行预加载）；

metadata（部分预加载）；auto（默认为 auto，全部预加载），表示视频在页面加载时进行加载，并预备播放。如果使用 " autoplay "，则忽略该属性。
- src：同<img>标签的一样，该属性用于指定视频的地址。

source 标签用于给媒体（因为 audio 标签同样可以包含此标签，所以在此用媒体，而不是视频）指定多个可选择的（浏览器最终只能选一个）文件地址，且只能在媒体标签没有使用 src 属性时使用。浏览器按 source 标签的顺序来检测标签指定的视频是否能够播放（可能是视频格式不支持、视频不存在等），如果不能播放，换下一个。此方法多用于兼容不同的浏览器。source 标签本身不代表任何含义，不能单独出现。

此标签包含 src、type、media 3 个属性。
- src 属性：用于指定媒体的地址，和 video 标签的一样。
- type 属性：用于说明 src 属性指定媒体的类型，帮助浏览器在获取媒体前判断是否支持此类别的媒体格式。
- media 属性：用于说明媒体在何种媒介中使用，不设置时默认值为 all，表示支持所有媒介。

例 9-2　一个带有视频标签的 HTML 页面，代码如下。

```html
<html>
<body>
<video width="320" height="240" controls="controls">
<source src="/i/movie.ogg" type="video/ogg" />
<source src="/i/movie.mp4" type="video/mp4" />
Your browser does not support the video tag.
</video>
</body>
</html>
```

运行结果如图 9-2 所示。

图 9-2　带有视频元素的 HTML 页面

9.3.2　音频标签与属性

HTML5 可以使网页完美地显示音频，并实现对音频的控制。与视频相同，在 HTML5 中，规定了一种通过 audio 元素来包含音频的标准方法。目前，HTML5 audio 标签支持三种格式的音频，分别是 wav、mp3 和 ogg 格式。利用 audio 可以在网页中播放一个音频。

例 9-3　一个带有音频标签的 HTML 页面，代码如下。

```
<html>
<body>
<audio controls="controls">
<source src="/i/song.ogg" type="audio/ogg">
<source src="/i/song.mp3" type="audio/mpeg">
Your browser does not support the audio element.
</audio>
</body>
</html>
```

运行结果如图 9-3 所示。

图 9-3　带有音频元素的 HTML 页面

audio 标签中各属性的含义同 video 标签，在此不再赘述。

9.3.3　画布标签与属性

HTML5 的 canvas 元素使用 JavaScript 在网页上绘制图像。画布是一个矩形区域，可以控制其每一像素。canvas 拥有多种绘制路径、矩形、圆形、字符及添加图像的方法。创建了<canvas>标签就相当于创建了一个固定大小的绘图区，然后用 JavaScript 脚本来绘制图形。

1. 基本语法

基本语法如下。

```
<canvas id="myCanvas" width="200" height="100"></canvas>
```

2. 说明

① canvas 的属性只有两个：height 为设置画布的高度；width 为设置画布的宽度。单位是像素。若不指定，默认宽为 300 像素，高为 150 像素。

② <canvas>标记并不是每种浏览器都支持，在<canvas></canvas>标记对中添加的提示文字，在浏览器不支持该标记时才会显示出来。

例 9-4　一个带有画布的 HTML 页面，代码如下。

```
<html>
<body>
<canvas id="myCanvas" width="200" height="100" style="border:1px solid #c3c3c3;">
Your browser does not support the canvas element.
```

```
</canvas>
<script type="text/javascript">
var c=document.getElementById("myCanvas");
var cxt=c.getContext("2d");
var img=new Image()
img.src="flower.png"
cxt.drawImage(img,0,0);
</script>
</body>
</html>
```

运行结果如图 9-4 所示。

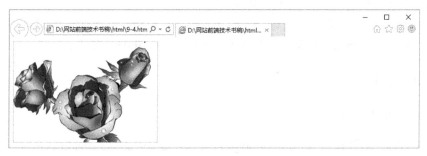

图 9-4 带有 canvas 元素的 HTML 页面

9.3.4 表单属性

在 HTML5 中，表单增加了很多功能，拥有多个新的表单输入类型，并提供了更好的输入控制和验证。包括 email、url、number、range、date pickers（date\month\week 等）、search 和 color 等。

下面仅简单介绍几个适用于<form> 和 <input>标签的新属性。

1．新的 form 属性

（1）autocomplete 属性

规定 form 或 input 域应该拥有自动完成功能。

有时表单中的某个元素不需要 autocomplete，如需要用户自己再次输入而非自动完成。只要将所在表单元素的 autocomplete 属性设置为 off 即可，代码如下。

```
<form>
请双击文本框
<input type="text" name="wd" autocomplete="off">
<input type="text" name="email" autocomplete="off">
< /form>
```

如果所有表单元素都不想使用 autocomplete 功能，代码如下。

```
<form autocomplete="off">
请双击文本框 <input type="text" name="wd"><input type="text" name="email">
</form>
```

（2）novalidate 属性

规定当提交表单时，不会验证表单的输入数据，代码如下。

```
<form action="demo_form.asp" novalidate="novalidate">
  E-mail: <input type="email" name="user_email" />
<input type="submit" />
</form>
```

说明：

① novalidate 属性是一个布尔属性。

② novalidate 属性适用于<form>及以下类型的 <input> 标签：text、search、url、telephone、email、password、date pickers、range 和 color。

③ Internet Explorer 10 及以上、Firefox、Opera 和 Chrome 都支持 novalidate 属性。注意：在 Safari 和 Internet Explorer 9 及之前的版本中不支持 novalidate 属性。

2. 新的 input 属性

（1）autocomplete 属性

autocomplete 属性适用于 form,input[text,search,url,telephone,email,password,datepickers,range,color]。可以赋值为 on 或者 off。当为 on 时，浏览器能自动存储用户输入的内容。当用户返回到曾经填写过值的页面时，浏览器能把用户写过的值自动填写在相应的 input 框里。使用了这个属性，无疑可以减少很多前端和后台的交流量和工作量。

```
<form action="" method="get" autocomplete="on">
    First name:
    <input type="text" name="fname" /><br />
    Last name:
    <input type="text" name="lname" /><br />
    E-mail:
    <input type="email" name="email" autocomplete="on"/><br />
    <input type="submit" />
</form>
```

对应的页面效果如图 9-5 所示。

First name:
Last name:
E-mail: 12
提交   123@1234.com

图 9-5　设置 autocomplete 属性的页面效果

（2）autofocus 属性

规定在页面加载时，域自动地获得焦点。对 input type=text、select、textarea 与 button 可指定 autofocus 属性，它以指定属性的方式让元素在页面加载后自动获得焦点。autofocus 可以赋值为 autofocus，也就是在页面加载完成时自动聚焦到这个 input 标签，一个页面只能有一个 input 标签会设置 autofocus 属性，同时设置多个，则第一个生效。因为不可能同时聚焦在两个 input 上。

这个属性对登录页面很有用，可提升用户体验，有时登录页面就一个用户名、密码，页面加载后用户要手动定位到输入框，才能输入，有了 autofocus，页面打开即可直接输入。

```
User name: <input type="text" name="user_name" autofocus="autofocus" />
```

对应的页面效果如图 9-6 所示。

图 9-6　设置 text 类型的 autofocus 属性页面效果

（3）form 属性

HTML5 中新增了一个名为 form 的属性，它是一个与处理表单相关的元素。对 input[所有类型]、output、select、textarea、button 与 fieldset 指定 form 属性。它声明属于哪个表单，然后将其放在页面的任何位置，都在表单之内。也就是说，form 属性可以让 HTML 控件元素孤立在表单之外，然后表单在提交时不仅可以提交表单内的控件元素，这个孤立在外的控件元素值也可以一并提交出去。如下代码。

```
<form id="contact_form" method="get">
<p>
<label for="name">姓名：</label><input type="text" id="name" name="name">
</p>
<p>
<label for="email">邮箱：</label><input type="email" id="email" name="email">
</p>
<input type="submit" id="submit" value="发送">
</form>
<p>
评论：<textarea id="comments" name="comment" form="contact_form"></textarea>
</p>
```

从上面的 HTML 代码可知：

① <textarea>元素在<form>元素之外（不是子元素，是兄弟元素）。

② <textarea>元素有一个 form 属性，且 form 属性的值就是<form>元素的 id。可见 HTML5 中外部控件元素与表单相关联就是让其 form 属性值等于表单元素的 id 值，类似于<label>元素的 for 属性值等于相对应的表单控件元素的 id 一样。

（4）form overrides 属性

表单重写属性，允许设计人员重新编写表单元素的某些属性。表单重写属性有以下几种。

● formaction：重写表单的 action 属性。

● formenctype：重写表单的 enctype 属性。

131

- formmethod：重写表单的 method 属性。
- formnovalidate：重写表单的 novalidate 属性。
- formtarget：重写表单的 target 属性。

下面以 formaction 和 formmethod 为例进行详细说明。在 HTML 文件中，一个表单内的所有元素都通过表单的 action 属性统一提交到另一个页面。HTML5 中可通过 formaction 属性实现单击不同提交按钮，将表单提交到不同的页面。

HTML 网页文件中每个表单只有一个 method 属性统一指定提交方法。HTML5 中新增的 formmethod 方法，可以实现不同按钮指定不同提交方法，如 post、get 等。

例 9-5　formaction 和 formmethod 属性的使用，代码如下。

```
<form action="s1.asp" method="get" id="user_form">
  E-mail:
  <input type="email" name="useremail" /><br />
  <input type="submit" formmethod="get"  formaction="houtai.asp" value="get方
法提交到houtai.asp" /><br />
  <input type="submit" formmethod="post" formaction="liebiao.asp" value="post
方法提交到liebiao.asp" /><br />
</form>
```

运行结果如图 9-7 所示。

图 9-7　表单界面

单击第 1 个按钮"get 方法提交"，IE 地址栏显示如图 9-8 所示；点击第 2 个按钮"post 方法提交"，地址栏显示如图 9-9 所示。

图 9-8　get 方法提交地址栏的显示

图 9-9　post 方法提交地址栏的显示

（5）height 和 width 属性

height 和 width 属性用于 image 类型的 input 标签的图像高度和宽度，代码如下。

```
<form action="/example/html5/demo_form.asp" method="get">
User name: <input type="text" name="user_name" /><br />
```

```
<input type="image" src="/i/eg_submit.jpg" width="99" height="99" />
</form>
```

（6）list 属性

list 属性与 datalist 元素配合使用，用来规定输入域的 datalist。datalist 是输入域的选项列表。该元素类似<select>，但是比 select 优越的地方在于，当用户要设定的值不在选择列表内时，允许自行输入。该元素本身不显示，当文本框获得焦点时以提示输入的方式显示。这个属性显示类似于百度搜索框的联想框效果，也是非常实用的一个属性。

注意该属性的使用特点：需要有对应的 datalist 标签，即这个属性要和 datalist 元素一起使用，指定此文本框的可选择项；datalist 子标签 option 支持 value 和 label 两个属性；list 的属性值要和 datalist 的 id 一致。

list 属性适用于 input[text,search,url,telephone,email,datepickers,numbers,range,color]。

例 9-6　list 使用示例，代码如下。

```
<!DOCTYPE HTML>
<html>
<head>
    <meta http-equiv="Content-Type" content="text/html; charset=utf-8" />
    <title>test</title>
 </head>
<body>
<form method="" action="">
Homepage: <input name="hp" type="url" list="hpurls">
<datalist id="hpurls">
<option value="http://www.google.com/" label="Google">
<option value="http://www.reddit.com/" label="Reddit">
</datalist>
</form>
</body>
</html>
```

程序运行结果如图 9-10（a）所示，此时输入域 Homepage 没有获取焦点。当输入域获取焦点时，显示结果如图 9-10（b）所示。

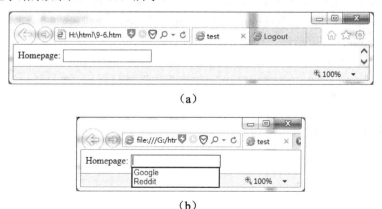

（a）

（b）

图 9-10　list 属性使用示例

（7）min、max 和 step 属性

max、min 和 step 属性用来为包含数字或日期的 input 类型规定限定（或约束）。max 属性规定输入域所允许的最大值；min 属性规定输入域允许的最小值；step 属性规定输入字段的合法数字间隔（如 step=" 3 "，则合法数字应该是-3、0、3、6，以此类推）。step 属性可以与 max 及 min 属性配合使用，以创建合法值的范围。

step、max 及 min 属性适用于以下<input>类型：number、range、date、datetime、datetime-local、month、time 及 week。

例 9-7 通过 min、max 模拟实现一个时间输入框，小时允许输入[0~23]，分钟允许输入[0~59]，代码如下。

```
<form action="s1.asp" method="get">
    <label>time 小时，分钟：<input type="time" name="user_time"></label>
<br><br>
    <label><input type="number" min="0" max="23" step="1">时</label>
    <label><input type="number" min="0" max="59">分</label>
    <input type="submit" value="提交"/>
</form>
```

运行结果如图 9-11 所示。

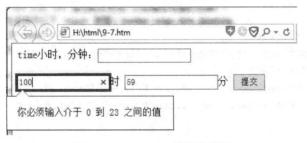

图 9-11　min、max 属性的使用

（8）multiple 属性

multiple 属性规定输入域中可选择多个值。multiple 属性允许上传时一次上传多个文件，multiple 属性适用于以下类型的<input>标签：email 和 file。

例 9-8 Multiple 使用示例，代码如下。

```
<form action="/example/html5/demo_form.asp" method="get">
Select images: <input type="file" name="img" multiple="multiple" />
<input type="submit" />
</form>
```

运行结果如图 9-12 所示。

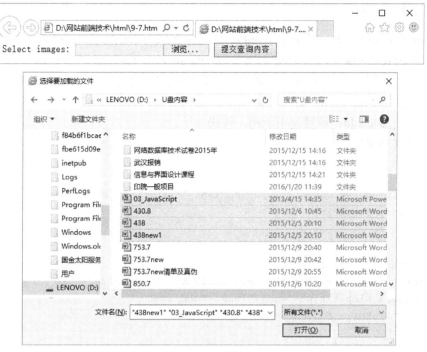

图 9-12　multiple 属性使用示例

（9）pattern 属性

pattern 属性用于验证输入字段的模式，这个验证模式是一个正则表达式。pattern 属性适用于 input[text,search,url,telephone,email,password]。

例 9-9　给输入框定义 Pattern 为 "[A-z]{3}"，也就是包含 3 个字母的正则表达式约束，如果输入不合法，会看到如图 9-13 所示效果。

```
<form action="#" method="get" id="user_form">
    Country code:
    <input type="text" name="country_code" pattern="[A-z]{3}" title="Three letter
country code" />
    <input type="submit" />
</form>
```

图 9-13　pattern 属性的使用示例

（10）placeholder 属性

placeholder 属性提供一种提示（hint），描述输入域所期待的值。这个新增属性也是常用属性，对 input[text, search, url, telephone, email, password]、textarea 指定 placeholder 属性，它会对用户的输入进行提示，提示用户输入信息的格式或内容等。当输入框获取焦点时，提示字符消失。在 HTML5 之前，这个效果需要 js 编码实现。

例 9-10　placeholder 属性使用示例，代码如下。

```
<!DOCTYPE HTML>
<html>
<head>
<meta http-equiv="Content-Type" content="text/html; charset=utf-8" />
<title>test</title>
</head>
<body>
<form method="" action="">
<p>Name: <input type="text" name="fullname" placeholder="Liu ping ping"></p>
<p>Address: <input type="email" name="address"
placeholder="liu@bigc.edu.cn"></p>
</form>
</body>
</html>
```

运行结果如图 9-14 所示。

图 9-14　placeholder 属性的使用

（11）required 属性

required 属性表示用户提交时检查该元素输入域不能为空，是 input 的一个强力新增属性，免去验证的麻烦。可以赋值为 required，适用于以下类型的 input[text, search, url, telephone, email, password, date pickers, number, checkbox, radio, file]。例如，用户注册页面的用户名和密码都是必填的，只要设置一个 required 就可以了，而在之前是需要 js 来验证或后台验证的。

例 9-11　Required 属性的使用，代码如下。

```
<form action="" method="" id="user_form">
<p>用户名：<input type="text" autofocus placeholder="用户名" required/></p>
<p><input  type="submit" value="提交"/></p>
</form>
```

运行结果如图 9-15 所示。

图 9-15　required 属性的使用

注意：required 属性对应的输入域是需要用户来填写的，所以 type 是 button、submit、reset、image 等不需要用户填写的类型，便不可以使用这个属性。

9.4　Web 存储

Web 存储（Web Storage）是 HTML5 的新特征，是一种将少量数据存储在客户端（Client）磁盘的技术。只要支持 Web Storage API 规格的浏览器，网页设计者就可以使用 JavaScript 来操作它。

早些时候，本地存储使用的是 cookie 技术，但是 cookie 不适合大量数据的存储，原因如下。

① 浏览器能存的 cookie 数量比较少。如 IE8、Firefox、Opera 每个域名可以保存 50 个 cookie，而 Safari/WebKit 没有限制。一个 cookie 文件最多可以存放 4096B 左右的数据。

② 每次对服务器请求时，cookie 都会存放在请求头中，传输到服务器端。但如果请求头大小超过了限制，服务器无法处理。因此 cookie 不适合大量数据的存储，速度很慢且效率也不高。相比用 Web Storage 更适合存储大量数据。

在 HTML5 中，数据不是在对每个服务器请求时传递的，它使在不影响网站性能的情况下存储大量数据成为可能。而且对于不同的网站，数据存储于不同的区域，且一个网站只能访问其自身的数据。HTML5 使用 JavaScript 技术来存储和访问数据。

9.4.1　Web 存储的两种方法

HTML5 提供了两种在客户端存储数据的新方法，两种方法都只能读/写当前域的数据，两者的主要差异在于生命周期和有效范围，具体如下。

● localStorage：没有时间限制的数据存储，即 localStorage 存储的数据不会过期，用于持久化的本地存储，除非主动删除数据，否则数据永远不会过期。它的生命周期不会随着浏览器的关闭而消失，适合于在数据需要分页或跨窗口的场合。

● sessionStorage：sessionStorage 存储的数据每次关闭浏览器后都会被清空，用于本地存储一个会话（session）中的数据，仅在单个页面会话范围内有效。是会话级别的存储。

1. localStorage 方法

localStorage 方法存储的数据没有时间限制，即便是第二天、第二周或一年之后，数据

137

依然可用。

例 9-12 利用 localStorage 方法创建和访问数据，代码如下。

```html
<!DOCTYPE HTML>
<html>
<body>
<script type="text/javascript">
localStorage.lastname="Smith";
document.write("last name:"+ localStorage.lastname);
</script>
</body>
</html>
```

程序运行结果如图 9-16 所示。

last name:Smith

图 9-16 执行效果

2. sessionStorage 方法

sessionStorage 方法针对一个 session 进行数据存储。当用户关闭浏览器窗口后，数据会被删除。

如何创建并访问一个 sessionStorage，代码类似 localStorage 方法，下面通过一个示例来介绍 sessionStorage 方法的使用。

例 9-13 利用 sessionStorage 方法来统计访问网页的次数，代码如下。

```html
<!DOCTYPE HTML>
<html>
<body>
<script type="text/javascript">
if(sessionStorage.pagecount)
  sessionStorage.pagecount=Number(sessionStorage.pagecount)+1;
else
 sessionStorage.pagecount=1;
document.write("Visits:" + sessionStorage.pagecount + "次，本次会话");
</script>
<p>刷新页面会看到计数器在增加。</p>
<p>关闭浏览器再试，会看到计数器已重置。</p>
</body>
</html>
```

程序运行结果如图 9-17 所示。

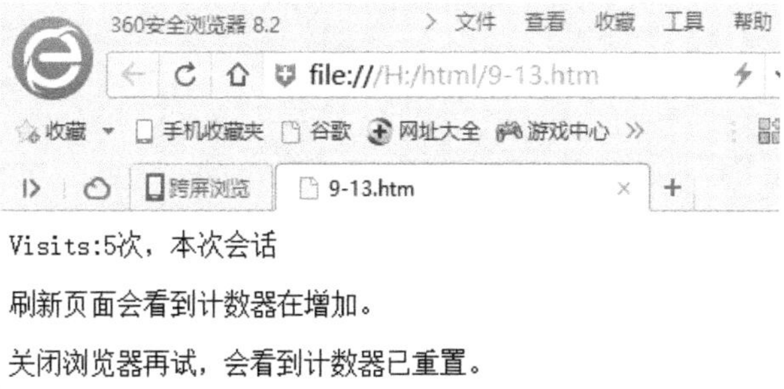

Visits:5次，本次会话

刷新页面会看到计数器在增加。

关闭浏览器再试，会看到计数器已重置。

图 9-17　执行效果

当关闭浏览器后再次打开该文件时，计数器会从数字 1 开始统计。若将例 9-13 中的 sessionStorage 改成 localStorage，当关闭浏览器再次打开后，发现计数器会继续从上次的次数开始累加，而不会重置为 1。

9.4.2　Web 存储的优势和意义

使用 HTML5 中新增加的 Web 存储机制，可以弥补 cookies 的缺点。Web 存储与 Cookie 相比，存在如下优势。

① 存储内容不会发送到服务器。cookie 的内容会随着请求一并发送给服务器，这对于本地存储的数据是一种带宽浪费。而 Web 数据存储中的数据仅保存在本地，不会与服务器发生任何交互。

② 对于 Web 开发者来说，Web 存储提供了更丰富、更容易使用的 API 接口，使数据操作更方便。Web 存储更提供了使用 JavaScript 编程的接口，这将使得开发者可以使用 JavaScript，在客户端做很多以前要在服务端才能完成的工作。

③ 对于不同的网站，数据存储于不同的区域，每个域都有独立的存储空间，不会造成数据混乱。

④ 在存储容量方面，可以根据用户分配的磁盘配额进行存储，这样可以在每个用户域下存储不少于 5～10MB 的内容。用户不仅存储 session，还可以在客户端存储用户的设置偏好、本地化的数据等。

第 10 章

CSS 语法基础

在学习 CSS 前，一般使用 HTML 标记实现控制网页的样式，如文字的颜色、大小、行间距等。但由于 HTML 标记的不足之处，引入了 CSS 技术。CSS 是 Web 前端技术的重要组成部分，网页通过 CSS 的修饰可以实现用户指定的显示效果。本章主要介绍 CSS 的基础知识。

10.1　CSS 的简介

CSS（Cascading Style Sheet，层叠样式表）技术是一种格式化网页的标准方式，它是 HTML 功能的扩展，主要用来弥补 HTML 在样式排版功能上的不足，也由于 CSS 可以丰富网站的视觉效果，使网页设计者能够以更有效的方式设计出更具表现力的网页效果。因此，它又有网页"美容师"之称。

10.1.1　CSS 的发展史

样式表（StyleSheets）技术诞生于 1996 年，W3C 公布了 CSS 的第一个标准 CSS1，随后在 1998 年 5 月又进一步充实了 CSS，发布了 CSS2 标准。CSS3 标准是 2011 年 6 月发布的，是目前 CSS 的最新版本，新增了圆角功能、文字阴影及动画效果等。CSS3 将完全向后兼容，因此不需要修改原来的设计，就可以在最新的版本上继续运行。

随着技术的不断发展，可选择的浏览器种类也越来越多。目前常用的浏览器（如 IE、Chrome、FireFox、Safari、Opera 这 5 大浏览器）都支持 CSS 语法，但支持的程度不尽相同，若希望在每种浏览器上看到的网页效果是一致的，必须在每种浏览器上测试。总的来说，在 CSS 支持方面，IE 优于其他浏览器。但对于 CSS3 而言，IE10 支持较好，支持最好的应该是 Chrome 和 FireFox。

10.1.2　CSS 的定义

CSS 简称样式表。什么是样式？样式其实就是格式，对于网页来说，像文字的大小、颜色及图片位置等，都是网页显示信息的样式。而层叠是当 HTML 文件引用多个样式文件（CSS 文件）时，若 CSS 定义的样式发生冲突，浏览器将依据层次的先后顺序来应用样式，如果不考虑样式的优先级，一般会遵循"最近优先的原则"来处理。

HTML4 版本已经包括了样式表的内容。样式表正在逐渐改变设计、制作网页的方法，为网页创新奠定了基础。利用样式表，可以将站点上所有的网页文件都引用某个 CSS 文件，用户只要修改 CSS 文件中的某一行，那么整个站点都会随之发生改变。这样，通过样式表就可以将许多网页的风格格式同时更新，不用再一页一页地更新。

综上所述，CSS 的作用可以概括如下。

① 内容和样式的分离，使网页设计简洁明了。

② 弥补 HTML 对样式控制的不足，如标题、行间距、字间距等样式的控制。

③ 精确布局网页，如盒子定位、文字排版、图片定位等。

④ 统一网站风格，提高网页效率。网站内所有的网页可以使用同一个 CSS 样式文件，这样网页风格能轻松统一；若要调整网页样式，只要更改其对应的 CSS 文件即可。大大减少设计者的工作量，让网页维护更简单。

⑤ 加快网页加载的速度。应用 CSS 样式之后，原本用来控制网页样式的 HTML 标记可

以从网页中删除，减少程序代码，这样网页加载的速度就越快。

10.2 CSS 的基本语法

CSS 的每个规则都包括三部分：选择符（样式名）、样式属性和属性值（也称为样式规则）。

```
selector {property: value; property: value; ……property: value }
```

说明：

① 选择符 selector（选择器）包括多种形式：所有的 HTML 标记都可以作为选择符，如 body、p、table 等都是选择符，但在利用 CSS 的语法给它们定义属性和值时，其中属性和值要用冒号隔开。

② 如果一个选择符中可以设置多个不同的规则，中间用分号（;）隔开即可；若一个样式的属性有多个值，则必须用空格将它们分隔。如

```
P{font-size:16px; line-height:24px; border:1px #123355 solid}
```

定义段落的文字大小为 16 像素，行高设置为 24 像素，并加上颜色为#123355、宽度为 1 像素的实线框。为了让代码容易阅读和理解，通常会将样式分行处理，如下。

```
P {
font-size:16px;              /*文字大小*/
line-height:24px;            /*设置行高*/
border:1px #123355 solid;  /*设置边框线*/
}
```

注意：HTML 文件中加注释用标签对<!-- 注释的内容 -->，而 CSS 样式表的注释写在符号 /* 注释内容 */之间，注释不能嵌套。

③ 如果其他标记也使用相同的样式，那么可将不同的选择符写在一起，中间用逗号（,）隔开，如 h2, p {color: blue;} 其效果等价于

```
        h2 {color:blue;}
        p { color:blue;}
```

④ 继承。继承是 CSS 的一个主要特征，CSS 属性不但影响选择符所定义的元素，而且会被这些元素的后代继承。

例 10-1 对 body 定义的字体和颜色值也会应用到段落的标签中，代码如下。

```
<html>
<head><title>CSS 的继承性</title>
<style type="text/css">
<!--
 body{font-family:"隶书";color:green}
-->
</style>
<body>
<p>有关 CSS 的继承性</p>
</body>
</html>
```

页面效果如图 10-1 所示。

图 10-1　CSS 的继承性

注意：<!--和-->是 HTML 注释标记，在样式表中使用注释标记的作用是，当某个浏览器不支持样式表时，不至于将样式表的内容直接显示在网页中，当然，目前的主流浏览器都对 CSS 有很好的支持，因此，也可省略这对注释标记。

10.3　CSS 选择符的类型

选择符决定了格式化将应用于网页的哪些元素。在 CSS 中，有多种不同类型的选择符，下面仅介绍常用的几种选择符，如标记选择符、组合选择符、类选择符、ID 选择符、包含选择符、伪类等。最简单的选择符可以对给定类型的所有元素进行格式化，更复杂的选择符可以根据元素的 class 或 id、上下文、状态等来应用格式化规则。

10.3.1　标记选择符

网页中所有的 HTML 标记都可以作为选择符，利用这种标记选择符即可定义哪些标记采用哪种 CSS 样式，如

```
body {font-family: "sans serif"; color:black}
```

选择符 body 是指页面主体部分，定义了网页主体内容的字体为 " sans serif " （罗马字母的字体），文字的颜色为黑色。

例 10-2　标记选择符的应用，代码如下。

```
<html>
<head>
<title>毛泽东词选</title>
<style type="text/css">
<!--
h1
{font-family:"华文彩云";font-size:40pt;color:red}
p
{ background: yellow;
  color: black;
  font-family:宋体;
  font-size:15pt
}
-->
</style>
</head>
```

```
<body>
<h1 align=center>蝶恋花答李淑一 </h1>
<p align=center>
我失骄杨君失柳，<br>
杨柳轻扬直上重霄九。 <br>
问讯吴刚何所有，<br>
吴刚捧出桂花酒。<br>
寂寞嫦娥舒广袖，<br>
万里长空且为忠魂舞。<br>
忽报人间曾伏虎，<br>
泪飞顿作倾盆雨。<br>
</p>
</body>
</html>
```

页面效果如图 10-2 所示。

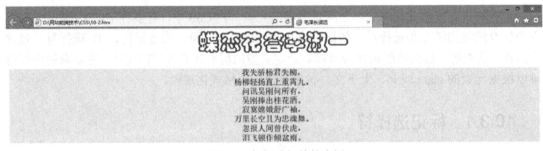

图 10-2　标记选择符的应用

10.3.2　组合选择符

有些元素在网页中的显示风格是一样的，为了减少在样式表重复声明，通常会采用组合选择符来定义样式表。当多个对象定义了相同样式时，可以把它们分为一组，这样能简化代码，如

```
h1, h2, h3 {
color:red;
font-family:隶书;
        }
```

该定义将 h1~h3 标题元素的文字定义成红色，字体定义成隶书，等价于

```
h1 {
color:red;
font-family:隶书;
        }
h2 {
color:red;
font-family:隶书;
        }
h3 {
```

```
color:red;
font-family:隶书;
            }
```

10.3.3　类选择符

标记选择符一旦定义，页面中所有用到该标记元素的地方都会变化。例如，定义了<h1>标签字体和颜色后，页面中所有出现<h1>元素的地方均要改变字体和颜色。但是，若页面中某个<h1>标签不希望改变原有的字体和颜色，这时用标记选择符显然不能满足要求，需要引入类选择符。

用类选择符可以把相同的元素分类定义成不同的样式。在定义类选择符时，在自定义类名称的前面加一个句点（.）。

1．基本语法

标记名.类名{样式属性:取值;样式属性:取值;…}

说明：类名是任何合法的字符，由用户自定义。标记名在使用过程中可以写某个需定义的标签名，也可改为"*"表示全部，还可以省略不写，这种省略 HTML 标记的类选择符是最常用的 CSS 方法。

如何在网页中应用已定义好的类选择符呢？只要在相应的 HTML 标记里加入已经定义的 class 参数，参数值为类名即可。

```
h1.news{color:red;}
 .news{color:red;}
```

2．区别

不省略 HTML 标记的类选择符，适用范围仅限于该标记（即 h1）所包含的内容，只影响属性中定义了 class = "news" 类的 h1 元素。省略 HTML 标记的类选择符没有适用范围的限制，会影响所有标记中定义了 class = "news" 类的元素。

例 10-3　类选择符的应用，具体代码如下。

```
<html>
<head>
 <title>class 选择器</title>
 <style  type="text/css">
<!--
h3.special{
color:red;
font-size:45px;
}
.special{
color:black;
font-size:35px;
}
-->
```

```
    </style>
</head>
<body>
  <h3 class="special">HTML 标记的类选择符</h3>
  <hr>
  <p class="special">省略 HTML 标记的类选择符</p>
  <hr>
  <h3>没有任何选择符</h3>
</body>
</html>
```

页面效果如图 10-3 所示。

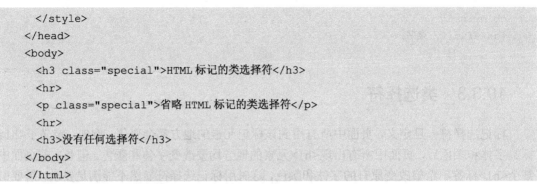

图 10-3　类选择符的应用

10.3.4　id 选择符

在 HTML 文档中，需要唯一标识一个元素时，就会赋予它一个 id 标识，以便在处理整个文档时能够很快地找到这个元素。而 id 选择符就是用来对这个单一元素定义单独的样式。id 选择符多应用在 DIV+CSS 的设计方法中，经常同 div 标签配合使用。

其定义方法与类选择符大同小异，只要把圆点（.）改为井号（#），而调用时需要把 class 改为 id。

id 与 class 虽然在<style>标签内的定义写法不太一样，但其显示在网页上的效果是一样的。

基本语法：

标记名#标识名{样式属性:取值;样式属性:取值;…}

说明："#"后的标识名是用户自定义的，不要使用 HTML 标记，以免混淆。

例 10-4　类选择符和 id 选择符的使用，代码如下。

```
<html>
<head>
<title>体验 CSS</title>
<style type="text/css">
<!--
.p1
{ border:10px solid blue;        /*边框*/
```

146

```
padding:25px 10px 10px 25px;   /*间距（内边距）  详细介绍见第 13 章 盒子模型*/
margin:5px 10px;            /*外边距*/
background:"fuchsia";          /* 设置背景颜色 紫红色*/
text-align:center;
}
#title{
font-size:19px;        /* 字号 */
font-weight:bold;     /* 粗体 */
text-align:center;     /* 居中 */
padding:15px;        /* 间距 */
background-color:#FFFFCC;   /* 背景色 */
border:5px solid #FF0000;   /* 边框 */
}
-->
</style>
</head>
<body>
<div id="title">CSS 简介</div>
<p class="p1" >CSS（Cascading Style Sheet），中文译为层叠样式表，
是用于控制网页样式并允许将样式信息与网页内容分离的一种标记性语言。
CSS 是 1996 年由 W3C 审核通过，并且推荐使用的。简单地说 CSS 的引入就是
为了使得 HTML 能够更好地适应页面的美工设计。</p>
</body></html>
```

页面效果如图 10-4 所示。

图 10-4　类选择符和 id 选择符的使用

例 10-5　id 选择符的使用，代码如下。

```
<html>
<head>
<title>盒子的背景图片</title>
<style type="text/css">
<!--
#top{
background-image:url(t1.jpg);
border:5px solid #669966;
height:220px;
```

```
width:280px;
color:red;
}
-->
</style>
</head>
<body>
<div id="top">此处显示 id "top" 的内容,这幅图片是背景图片</div>
</body>
</html>
```

页面效果如图 10-5 所示。

图 10-5　id 选择符的使用

10.3.5　包含选择符

包含选择符是对某种元素包含关系（如元素 1 里包含元素 2）定义的样式表。这种方式只对在元素 1 里的元素 2 定义，对单独的元素 1 或元素 2 无定义。

```
table p{color:blue;}    /*表示将表格中的段落设置为蓝色*/
```

说明：此选择符可以对某对象中的子对象进行样式指定，使用时需注意，仅对此对象的子对象标记有效，对其他单独存在或位于此对象以外的子对象，不应用此样式设置。这样做的优点在于：避免过多的 id、class 设置，直接对所需的元素进行定义。

例 10-6　包含选择符的使用，代码如下。

```
<html>
<head>
<title>包含选择符</title>
<style type="text/css">
<!--
p a{ background-color:yellow;}
-->
</style>
</head>
<body>
<p>此段落是普通段落,只有文字信息。</p>
```

```
<p>此段落里用到了<a href=10-1.htm>超链接标记</a>，可以看看不同的效果。</p>
</body>
</html>
```

页面效果如图 10-6 所示。

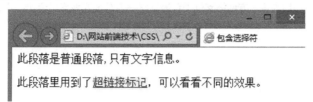

图 10-6　包含选择符的应用

10.3.6　伪类

伪类是特殊的类，能自动地被支持 CSS 的浏览器所识别。严格地说它不属于选择符，它是让页面呈现丰富表现力的特殊属性。之所以称为"伪"，是因为它指定的对象在文档中并不存在，它们指定的是元素的某种状态，主要用于对超链接的重新定义。应用最为广泛的伪类是超链接的 4 个状态，分别如下。

- 未访问超链接状态（a:link）：超链接的普通样式，即正常浏览状态的样式。
- 已访问链接状态（a:visited）：被单击过的超链接的样式。
- 鼠标指针悬停在链接上的状态（a:hover）：鼠标指针经过超链接上时的样式。
- 被激活（在鼠标单击与释放之间发生的事件）的链接状态（a:active）：在超链接上单击时，即"当前激活"时超链接的样式。

CSS 通过这 4 个伪类别，再配合各种属性风格制作出千变万化的动态超链接。

例 10-7　a 元素伪类的应用，代码如下。

```
<html>
<head>
  <title>伪类的使用</title>
<style type="text/css">
<!--
a:link{                /* 超链接正常状态下的样式 */
color:red;             /* 红色 */
text-decoration:none;  /* 无下画线 */
}
a:visited{             /* 访问过的超链接 */
color:blue;            /* 蓝色 */
text-decoration:none;  /* 无下画线 */
}
a:hover{               /* 鼠标指针经过时的超链接 */
color:black;           /* 黑色 */
text-decoration:underline;  /*有下画线 */
}
a:active{              /*在鼠标单击与释放之间发生的超链接，即当前激活时的状态。*/
```

149

```
color:yellow;}     /* 黄色 */
-->
</style>
</head>
<body>印科出版社与国内第三方网络支付平台提供商——首信易在线支付合作, 开通了
<a href="http://www.dangdang.com.cn">网上付款购书</a>, 实现了互联网上的在线支付、资
金、查询统计等功能。
</body>
</html>
```

页面效果如图 10-7 所示。

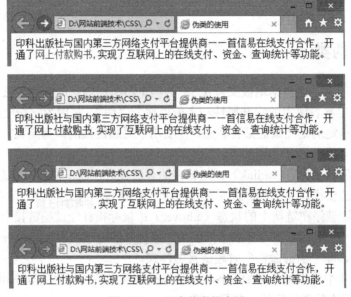

图 10-7 a 元素伪类的应用

10.4 选择符的优先级

选择符的优先级也称样式表的层叠性, 是指同一个 HTML 文件引用了多个样式表文件时, 浏览器按照样式表定义的先后层次来应用样式。

前面提及样式表遇到冲突时, 总是以最后定义的样式为准, 即遵守"最近优先原则"。但在应用选择符的过程中, 可能会遇到同一个元素由不同选择符定义的情况, 这时就要考虑到选择符的优先级。

通常我们使用的选择符包括: id 选择符、类选择符、包含选择符和 HTML 标记选择符等。

因为 id 选择符是最后被加到元素上的, 所以优先级最高, 其次是类选择符, 最后是标记选择符。另外, !important 语法主要用来提升样式规则的应用优先级。只要使用了!important 语法声明, 浏览器会优先选择它声明的样式来显示。

```
p{color:red !important}
.blue{color:blue}
#id1{color:yellow}
```

如果同时对页面的一个段落加上这三种样式，最后段落依然被!important 申明的 HTML 标记选择符样式显示为红色字体。

例 10-8　选择符的优先级的示例，代码如下。

```
<html>
<head>
  <title>选择符的优先级</title>
  <style  type="text/css">
  <!--
  p{color:red !important}
  p{color:blue}
  #id1{color:yellow}
  -->
  </style>
</head>
<body>
  <p id="id1">不同的文字体现不同的颜色</p>
</body>
</html>
```

页面效果如图 10-8 所示。

图 10-8　选择符优先级的应用

10.5　应用 CSS 样式表

根据 CSS 在 HTML 文件中的使用方法和作用范围不同，CSS 的使用方法分为 4 种：行内样式、内嵌样式、链接外部样式和导入外部样式。

10.5.1　行内样式

行内（Inline）样式是 4 类方法中最直接，也是最简单的一种样式定义法，直接将 CSS 样式写在 HTML 标记中。但这种方法定义样式时，效果只可以控制该 HTML 标记，无法做到通用和共享，故比较适用于指定网页中某小段文字的显示风格，或某个元素的样式。

基本语法：

```
<HTML 标记 style=" 样式属性:取值;样式属性:取值;…" >
```

例 10-9　行内样式的应用，代码如下。

```
<html>
<head>
<title>行内样式</title>
</head>
<body>
本例是行内样式的使用。
<p style=font-size:20pt;color:green;>该段落内的信息按这个 style 定义显示：文字是 20pt，
字体颜色是绿色。</p>
<p>该段落内的信息不带 style 定义，按正常显示。</p>
</body>
</html>
```

页面效果如图 10-9 所示。

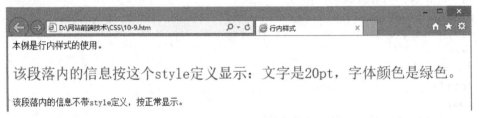

图 10-9　行内样式的应用

如果网页内大量 HTML 标记都各自加上 CSS 样式，会让程序代码看起来杂乱，此时建议采用内嵌样式或链接、导入外部样式文件的方式来应用 CSS 样式。

10.5.2　内嵌样式

内嵌样式将样式写在页面头部，即<head></head>标签内，并用<style>、</style>标签进行声明，然后在整个 HTML 文件中都可以使用该样式，是一种较为常用的方法。

基本语法：

```
…
<head>
<style type="text/css">
<!--
选择符{样式属性:取值;样式属性:取值;…}
选择符{样式属性:取值;样式属性:取值;…}
……
-->
</style>
</head>
…
```

例 10-10　内嵌样式的应用，代码如下。

```
<html>
<head>
<title>定义内嵌样式</title>
<style text="text/css">
<!--
```

```
.p1{font-size:20px;color:purple;}
-->
</style>
</head>
<body>
<p class="p1">此行文字被内嵌的样式定义为紫色显示</p>
<p>此行文字没有被内嵌的样式定义</p>
</body>
</html>
```

页面效果如图 10-10 所示。

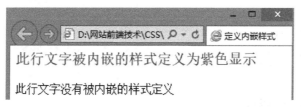

图 10-10   内嵌样式的应用

内嵌样式的好处是可以将网页中的 CSS 样式统一管理，但只能应用于该网页本身。如果网站中所有网页都要使用相同的样式，还要一页一页地设置，显然不现实，链接或导入外部样式的使用就可以解决该问题。

10.5.3   链接外部样式

外部样式文件的格式与内嵌样式的定义相同，只要省略<style></style>标签即可，用记事本等文本编辑器来编写 CSS 外部样式文件。当然，保存时该文件的后缀名必须为.css。样式表文件创建完成后，就可以利用<link>标签加入到需要的 HTML 文件中。

基本语法：

```
<link rel="stylesheet " type="text/css" href="样式表文件的地址 ">
```

说明：

● rel="stylesheet"是指在 HTML 文件中使用的是外部样式表。

● type="text/css"指明该文件的类型是样式表文件。

● href 中的样式表文件地址，可以为绝对地址或相对地址。

● 外部样式表文件中不能含有任何 HTML 标签，如<head>等。

● CSS 文件要和 HTML 文件一起发布到服务器上，这样在用浏览器打开网页时，浏览器会按照该 HTML 网页所链接的外部样式表来显示其风格。

注意：相对地址是指相对于某文件本身所在位置的路径。例如，在例 10-5 id 选择符的使用这个案例中，CSS 文件和图片 "t1.jpg" 均处在同一目录下，在 CSS 文件里需设置此图片作为背景图片，代码为：

```
#top{ background-image:url (t1.jpg) ; …}
```

绝对地址是指该文件实际的存放位置，如例 10-5 用绝对地址表示如下。

```
#top{background-image:url(d:/网站前端技术/css/t1.jpg); …}
```

例 10-11 链接外部样式的应用，具体代码如下。

外部 style.css 文件的代码如下。

```
h1{background:blue; color:red;}
h2{background:#0000cc;color:blue;}
```

网页文件的代码如下。

```
<html>
<head>
<title>链入外部文件</title>
<link rel="stylesheet" type="text/css" href="style.css">
</head>
<body>
<h1>这是一级标题</h1>
<h2>这是二级标题</h2>
</body>
</html>
```

页面效果如图 10-11 所示。

图 10-11 链接外部样式的应用

10.5.4 导入外部样式

导入外部样式与链接外部样式的功能基本相同，都是使用外部样式表文件。在语法上稍有区别：导入外部样式表是指在 HTML 文件的内部样式表的<style>里导入一个外部样式表，导入时用@import。

基本语法：

```
…
<head>
<style type="text/css">
@import  url(外部样式表文件地址);
…
</style>
…
</head>
…
```

例 10-12 改写例 10-11，变成导入外部样式的应用，具体代码如下。

外部 style.css 文件的代码如下。

```
h1{background:blue; color:red;}
h2{background:#0000cc;color:blue;}
```

网页文件的代码如下。

```
<html>
<head>
<title>导入外部文件</title>
<style type="text/css">
@import url(style.css);
</style>
</head>
<body>
<h1>这是一级标题</h1>
<h2>这是二级标题</h2>
</body>
</html>
```

页面效果如图 10-12 所示。

图 10-12　导入外部样式的应用

在网页中使用 CSS 的 4 种方法各有特点，在实际设计中用户根据自己的需要来选择，一般来说，链入外部样式表的应用更为广泛。

10.5.5　样式表的优先级

如果一个 HTML 文件中存在各种样式表，包括外部样式表、内嵌样式表等，且存在冲突，显示结果又该如何？即样式表的优先级问题。

所有的样式会根据下面的规则层叠于一个新的虚拟样式表中，如果遇到不同的样式表的规则有冲突的地方，将按优先级来确定应用哪一个规则。行内样式拥有最高的优先权，其次是链接外部样式表，然后是内嵌样式表，最后是导入外部样式表，当然标签本身的默认设置具有最低优先权。下面通过一个案例来说明样式表应用的优先级。

例 10-13　应用样式表的优先级。

外部样式表文件（有两个文件 1.css 和 2.css）如下。

1. css 代码如下。

```
<style  type="text/css">
  <!--
  h1{color:red}
  -->
</style>
```

2. css 代码如下。

```
<style  type="text/css">
  <!--
```

```
h1{color:green}
-->
</style>
```

网页文件的代码如下。

```
<html>
<head>
  <title>各种样式的优先级</title>
  <style type="text/css">
  <!--
  @import url(1.css);
    h1{color:blue}
  -->
  </style>
<link href="2.css" type="text/css" rel="stylesheet">
</head>
<body>
  <h1 style="color:yellow">该段文字应显示什么颜色？
</body>
</html>
```

页面效果如图 10-13 所示。

图 10-13　应用各种样式的优先级

习题

1．选择题

① CSS 样式表由选择器（Selector）与样式规则（Rule）组成，下面哪个是 CSS 的正确格式。

A．h1{color:red;}　　　B．h1[color:red;]　　　C．h1（color:red;）　　　D．h1/color:red;/

② 选择符中优先级最高的是（　　　）。

A．类选择符　　　　　B．id 选择符　　　　　C．包含选择符　　　　D．伪类

③ 以下的 HTML 代码中，（　　　）是正确引用外部样式表 mystyle.css 的方法。

A．<a href="mystyle.css">

B．<style src="mystle.css">

C．<link rel="stylesheet" type="text/css" href="mystyle.css">

D．<stylesheet>mystyle.css</stylesheet>

2．应用 CSS 样式表的 4 种方法，制作如图 10-14 所示的页面，具体要求如下：

① 定义 body 元素选择符背景为#33ccdf。

② 定义 p 元素选择符的字体大小为 24px。

③ 定义 id 选择符，颜色为红色，页面中所有"圣诞"使用该样式。

④ 标题用 h1（标题文字：圣诞前夜的故事）。

图 10-14　页面效果图

第 11 章

CSS 设置文字与版式

在网站中，文字是传递信息的主要手段，有了文字，就会出现文字的版式设计。CSS 的网页排版功能十分强大，使用 CSS，不仅可以控制文字的大小、颜色、对齐方式和字体（见 11.1 节字体属性的设置），还可以控制行高、段落缩进、字母间距、大小写（全部大写、首字大写、小型大写或全部小写等），甚至还可以控制文本的第一个字的样式（见 11.2 节文本的版式控制）。

11.1　字体属性的设置

字体属性主要涉及文字的大小、对齐方式和加粗、斜体等字体风格。

11.1.1　字体 font-family

在网页编写的过程中，若没有对字体做任何设置，浏览器将以默认值的方式显示。编写网页时，除了可利用 HTML 的标签（<font face=" ">）设置字体外，还可以利用 CSS 的 font-family 属性，设置要使用的字体。

基本语法：

```
font-family: 字体 1,字体 2,字体 3,……;
```

说明：

① 应用 font-family 属性可以一次定义多个字体，用逗号（,）分隔，浏览器会按照定义的先后顺序查找系统中符合的字体。如果找不到第一种字体，则自动读取第二种字体，这样依次查找。如果定义的所有字体都无法查找，则选用计算机系统的默认字体。

② 在定义英文字体时，若英文字体名是由多个单词组成的，并且单词之间有空格，那么一定要将字体名用引号（单引号或双引号）引起来，如 font-family: "Courier New"。

11.1.2　字号 font-size

在 HTML5 之前，设置字号用<font size=" ">标签，它的字体大小只有 7 个级别，具有很大的局限性。在 CSS 中，用 font-size 属性设置字号。

1. 基本语法

```
font-size: <绝对尺寸>|<相对尺寸>
```

2. 说明

① 绝对尺寸：可以指定精确的大小，使用绝对尺寸设置文字大小时一定要加上单位，如果没有加单位，浏览器会默认以 px（像素）为单位，如 24px。或使用关键字来指定大小，绝对尺寸的关键字有 7 个，分别为 xx-small（极小）、x-small（较小）、small（小）、medium（标准大小）、large（大）、x-large（较大）、xx-large（极大），在不同浏览器中，它的大小是有区别的。

② 相对大小：利用百分比或 em（当前字母中，字母的宽度），以相对父元素大小的方式来设置大小。例如，指定 font-size 的属性值是父元素的 1.5em 或 150%，或者使用相对关键字（larger | smaller）来指定。larger（较大）和 smaller（较小）：相对尺寸的 larger 是指在它的上一个关键字基础上扩大一级，smaller 则是指在它上一个关键字基础上缩小一级。

具体的长度可以使用的单位如表 11-1 所示，其中，px 可看作默认的网页制作单位（包括网易、搜狐这些门户网站），但相当一部分国外站点已经使用 em 作为字体单位了。

表 11-1　长度单位

绝 对 类 型	说　明	相 对 类 型	说　明
in	Inchex，（1 英寸=2.54 厘米）	em	元素的字体高度
cm	Centimeters，厘米	ex	字母 X 的高度
mm	Millimeters，毫米	px	像素
pt	Points，（1 点=1/72 英寸）	%	百分比
pc	Picas，（1 皮卡=12 点）		

③ em 是以字体的高度为标准，浏览器默认的字体大小大约是 16px，或者 1em（1em 表示的是一个字体的大小，它会继承父级元素的字体大小，因此并不是一个固定的值。），px 显示大小与显示器的大小及其分辨率有关。

em 是相对的，会受环境的影响而变化，1em 等于当前的字体尺寸，它的值和其父节点的值有继承关系，这是 em 一个显著的特点，在理解 em 的大小时，不能将概念停留在 1em 等于多大。例如：

```
This is an example.
<p style="font-size: 2em">This is an <span style="font-size: 1.8em">example
</span>.</p>
```

显示效果如图 11-1 所示。

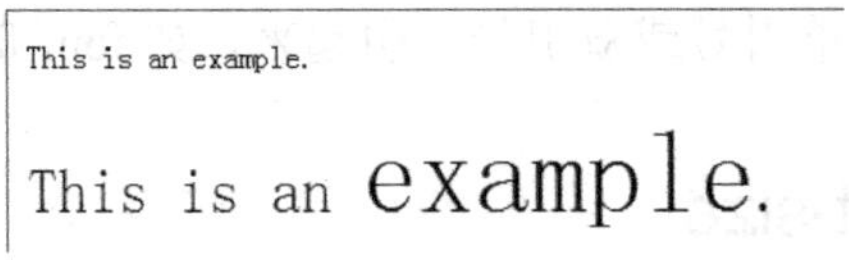

This is an example.

This is an example.

图 11-1　显示效果

上述代码在显示时，example 的大小不是比前面的字体小，而是大，也就是说，单词 example 是在原来的基础上增加的，字体大小类似于一个 180%这样的值，或者说，在继承时，em 的值可以理解为一个百分值：1.8=180%。

例 11-1　设置字体和字号，代码如下。

```
<html>
<head><title>设置字体、设置字号的绝对大小、设置字号的相对大小</title>
<style type="text/css">
<!--
.p1 {font-size:16px; font-family:黑体,草书,宋体;}
.p2 {font-size:16px; font-family:琥珀,草书,宋体;}
p{color:blue;font-size:14px;}
.p3 {font-size:xx-small}
.p4 {font-size:x-small}
.p5 {font-size:small}
.p6 {font-size:medium}
.p7 {font-size:large}
.p8 {font-size:x-large}
.z1{font-size:0.3in}
.z2{font-size:30px}
```

```
.z3{font-size:0.5cm}
.z4{font-size:10mm}
.b{font-size:200%;}
-->
</style>
</head>
<body>
<p class="p1">设置字体的顺序为，黑体，草书，宋体
<p class="p2">设置字体的顺序为，琥珀，草书，宋体
<hr>
<p>使用绝对尺寸设置字号大小</p>
<p class=z1>这是 0.3 英寸大小的文字</p>
<p class=z2>这是 30 像素大小的文字</p>
<p class=z3>这是 0.5 厘米大小的文字</p>
<p class=z4>这是 10 毫米大小的文字</p>
<p class="p3">设置字号为 xx-small</p>
<p class="p4">设置字号为 x-small</p>
<p class="p5">设置字号为 small</p>
<p class="p6">设置字号为 medium</p>
<p class="p7">设置字号为 large</p>
<p class="p8">设置字号为 x-large</p>
<hr>
<p>设置字号的相对大小</p>
<p class="b">设置字号的相对大小</p>
</body>
</html>
```

网页效果如图 11-2 所示。

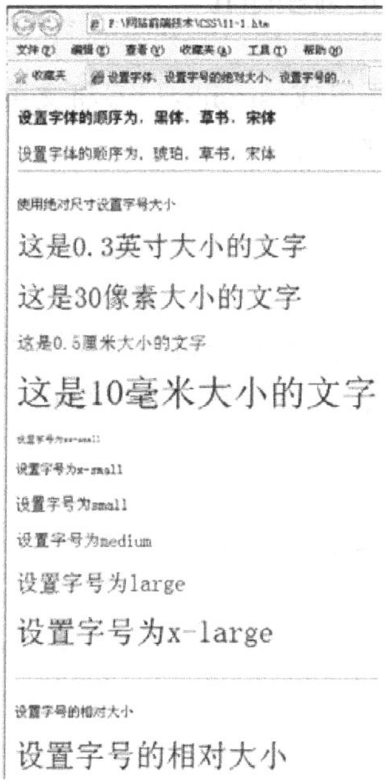

图 11-2　设置字体和字号

161

注意：

① 在 CSS 中设置文字尺寸的单位有很多，但有些浏览器对有些尺寸单位是不支持的，在使用时一定要注意。

② px 单位所有的操作平台都支持，但因为访问者的屏幕分辨率的不同，网页的显示可能不稳定，字体可能大，也可能小。

③ pt 是确定文字尺寸最好的单位，因为它在所有的浏览器和操作平台上都适用。

④ 关键字这种尺寸单位在不同浏览器中它的大小是有区别的。

⑤ 低版本的浏览器不支持相对尺寸这种单位。

11.1.3　字体风格 font-style

在 HTML 里，使用<I>标签将网页文字设置为斜体。而在 CSS 里，则可以利用 font-style 属性来达到字体变化的效果。

1. 基本语法

```
font-style:normal|italic|oblique
```

2. 说明

① normal：指定文本字体样式为正常的字体（浏览器默认的样式）。

② italic：指定文本字体样式为斜体。

③ oblique：文本样式为歪斜体效果。

11.1.4　字体加粗 font-weight

在 HTML 里，可以利用<b>标签或<strong>标签将文字设置为粗体。在 CSS 中，则可以利用 font-weight 属性来设置字体的粗细。

基本语法：

```
font-weight: normal|bold|bolder|lighter|100-900
```

说明：

normal 表示默认字体，bold 表示粗体，bolder 表示粗体再加粗，lighter 表示比默认字体还细，100～900 共分为 9 个层次（100、200、…、900），数字越小字体越细、数字越大字体越粗。

11.1.5　字体变体 font-variant

font-variant 属性用来定义小写字母是否显示为小型大写字母。CSS 中的字体变体主要用于设置英文字体。

1. 基本语法

```
font-variant:normal|small-caps
```

2. 说明

① normal 表示正常的字体，为默认值。

② small-caps 表示英文字体显示为小型的大写字母，即小写的英文字体将转换为大写且字体较小的英文字。

11.1.6　综合字体属性 font

font 属性是一种复合属性，可以同时对文字设置多个属性。包括字体、字体效果、字体加粗、字号等。

1. 基本语法

```
font:font-style|font-variant|font-weight|font-size|font-family
```

2. 说明

① font 属性是按上述 5 种属性来排列的综合描述，属性与属性之间一定要用空格间隔开。

② 属性排列中，font-style、font-variant 和 font-weight 可以进行顺序调换，而 font-size 和 font-family 则必须按固定顺序出现。

③ 在字体大小属性值后面可以添加行高属性，以"/"分隔，行高是可选项。例如，p{font:italic bold 12pt/14pt 隶书}表示字体为斜体加粗的隶书，字体大小为 12 点，行高为 14 点。

④ font 属性是继承的。

例 11-2　font 属性的使用，代码如下。

```
<html>
<head><title>font 字体设置</title>
<style type="text/css">
<!--
   .p1{ font-family:黑体; font-size:25px;font-weight:bolder;}
   .p2{ font:italic 30px 黑体;}
 -->
</style></head>
<body>
<p class="p1">本行文字以黑体 25 像素大小加粗来显示</p>
<p class="p2">本行文字以黑体斜体 30 像素大小加粗来显示</p>
</body>
</html>
```

163

网页效果如图 11-3 所示，可见第二段文字继承了第一段文字的加粗效果。

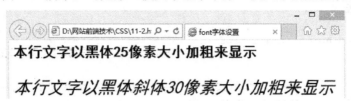

图 11-3　font 属性的设置

11.2　文本的版式控制（文本排版）

在 CSS 中，除了使用 font 对字体的属性进行控制，还能对文本的版式进行精确控制，如文本的对齐方式、控制行高、段落缩进、字母间距、大小写等。

11.2.1　设置首行缩进 text-indent

text-indent 用来指定一个段落，第一行文字缩进的距离，是一个可以继承的属性。

1. 基本语法

```
text-indent:长度|百分比
```

2. 说明

长度包括长度值和长度单位，长度单位同样可以使用前面提到的所有单位；百分比则是相对上一级元素的宽度而定的。

例 11-3　段落缩进的应用，代码如下。

```
<html>
<head><title>段落缩进设置</title>
<style type="text/css">
<!--
body{
        font:20px 黑体;
text-indent:2em;
        }
 -->
</style>
</head>
<body>
<p>在网站中，文字是传递信息的主要手段，有了文字，就会出现文字的版式设计。</p>
<p>CSS 的网页排版功能十分强大，使用 CSS，<br>可以控制文字的大小、颜色、对齐方式和字体，还可
以控制行高、段落缩进、字母间距、大小写。</p>
</body>
</html>
```

网页效果如图 11-4 所示。

在网站中，文字是传递信息的主要手段，有了文字，就会出现文字的版式设计。

　　CSS的网页排版功能十分强大，使用 CSS，
可以控制文字的大小、颜色、对齐方式和字体，　还可以控制行高、段落缩进、字母间距、大小写。

图 11-4　首行缩进

可以看出，如果在段落中有换行符号
，则
分割开的区域不能继承 text-indent 属性。

11.2.2　设置首字下沉 first-letter 类

Word 里有首字下沉的功能，在文章排版时经常用到。用 CSS 属性也可实现类似的功能。
例 11-4　用 CSS 属性实现首字下沉，代码如下。

```
<html>
<head>
<style type=text/CSS>
<!—
body{background-color:#999999;}
#pp{
float:left;              /*具体见第 14 章 表示浮动元素在左边，是居左对齐的*/
font-size:200%;
font-weight:bold;
color:red;
}
-->
 </style>
</head>
<body>
<p><div id=pp>中</div>华人民共和国中华人民共和国中华人民共和国中华人民共和国</p>
</body>
</html>
```

网页效果如图 11-5 所示。

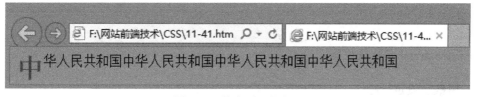

图 11-5　首字下沉的实现

　　网页实现首字下沉也可使用 CSS3 中 first-letter 命令。利用 CSS3 的 first-letter 选择器，
给第一个文字设置样式，就达到了这个效果，代码如下。

```
<html>
<head>
```

```
<style type=text/CSS>
<!--
body{background-color:#999999;}
p:first-letter{
float:left;
font-size:200%;
font-weight:bold;
color:red;
}
-->
 </style>
</head>
<body>
<p>中华人民共和国中华人民共和国中华人民共和国中华人民共和国</p>
</body>
</html>
```

运行结果如图 11-5 所示。

11.2.3 调整行高 line-height

行高示意图如图 11-6 所示。line-height 属性用于设置行高,行高是指上下文本行的基线间的垂直距离,即两条红线间垂直距离,line-height 是个可继承属性。行距是指一行底线到下一行顶线的垂直距离,即第一行粉线和第二行绿线间的垂直距离。

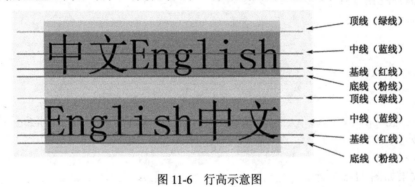

图 11-6　行高示意图

基本语法:

```
line-height:normal|数字|长度|百分比
```

说明:normal 是默认行高。

1. 用数字设定行距

```
b{font-size=12pt;line-height:2}
```

表示将利用字号来确定行距,将字号乘以设定的参数值,即 12×2=24,所以在本例中行高是 24pt(点)。

2. 用长度单位设定行距

```
b{line-height:11pt}
```

3. 用百分比设定行距

```
b{font-size:10pt;line-height:140%}
```

表示行距是文字的基准大小 10pt 的 140%，即 14pt。

例 11-5　行高的应用，代码如下。

```
<html>
<head><title>行高的设置</title>
<style type="text/css">
<!--
p{
        font:15px 楷体;
        line-height:25px;
        color:#111111;     /*设置字体颜色*/
        background-color:#999999;   *设置背景颜色*/
    }
 -->
</style>
</head>
<body>
<p>line-height 属性用于设置行高，行高是指上下文本行的基线间的垂直距离，图中两条红线间垂直距离，line-height 是个可继承属性。行距是指一行底线到下一行顶线的垂直距离。即第一行粉线和第二行绿线间的垂直距离。</p>
</html>
```

网页效果如图 11-7 所示。

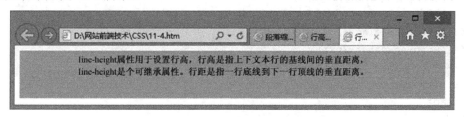

图 11-7　行高的设置

若例 11-5 中的行高值小于文本中设定的字体大小，会出现什么现象？将例 11-5 中的 font 值改为：font：20px 楷体；line-height 值改为：line-height：15px；网页的运行效果如图 11-8 所示。可见，会造成文本的叠加显示，故在设置行高时，要注意和字体值的大小关系。

图 11-8　行高小于字体大小的设置

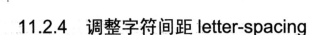

11.2.4 调整字符间距 letter-spacing

letter-spacing 可以设置字符与字符间的距离，是个可继承的属性。

1. 基本语法

```
letter-spacing: normal|长度
```

2. 说明

normal 表示间距正常显示，是默认设置。长度包括长度值和长度单位，长度值可以使用负数，为负数时字符间距就会变得紧密。用 letter-spacing 对汉字是以一个字进行间隔的，对英文是以一个字母进行间隔的。

11.2.5 调整单词间距 word-spacing

word-spacing 用来设置单词之间的空格距离，是个可继承的属性。

基本语法：

```
word-spacing:normal|长度
```

normal 和长度的含义同字符间距。另外，单词间距属性用来设置英文单词的间距，如果是中文字要调整间距，必须使用 letter-spacing 属性。

例 11-6　字符间距和单词间距的应用，代码如下。

```html
<html>
<head><title>字符间距和单词间距的设置</title>
<style type="text/css">
<!--
  .f1{letter-spacing:20px; }
  .f2 { word-spacing:20px;}
.f3{letter-spacing:-2px; }
.f4{ word-spacing:-2px;}
 -->
</style>
</head>
<body>
<font class="f1">Everyone is good.大家要继续加油！</font><br>
<font class="f2">Everyone is good.大家要继续加油！</font>
<font class="f3">Everyone is good.</font><br>
<font class="f3">大家要继续加油!</font><br>
<font class="f4">大家要继续加油!</font><br>
</body></html>
```

网页效果如图 11-9 所示。

图 11-9　字符间距和单词间距的应用

11.2.6　添加文字修饰 text-decoration

text-decoation 属性主要完成文字加下画线、顶线、删除线及文字闪烁效果，是不可继承的属性。

1. 基本语法

```
text-decoration:underline|overline|line-through|blink|none
```

2. 说明

text-decoration 常用属性值的具体说明见表 11-2。

表 11-2　text-decoration 常用属性值列表

属　　性	描　　述
none	默认值，设置不使用任何修饰
underline	设置文本下画线
overline	设置文本上画线即顶线
line-through	设置文本删除线
blink	设置文本闪烁效果

注意：IE 浏览器不支持闪烁属性值。

例 11-7　使用行内样式设置大学名称的显示样式"加粗"，并且超链接没有下画线。

文字信息：欢迎访问北京印刷学院的主页 http://www.bigc.edu.cn。

具体代码如下：

```
<html>
<head>
<title>文本的排版</title>
</head>
<body>
<p>欢迎访问<span style="font-weight:bold">北京印刷学院</span>的主页
<a style="text-decoration:none"
href="http://www.bigc.edu.cn">http://www.bigc. edu.cn</a></p>
</body>
</html>
```

网页效果如图 11-10 所示。

169

图 11-10　添加文字修饰的效果

11.2.7　设置文本对齐方式 text-align 和 vertical-align

在页面中的文本对齐是指在水平方向和垂直方向上的对齐。在 CSS 中，可以通过 text-align 和 vertical-align 属性控制文字段的水平和垂直对齐方式。

1．基本语法

```
text-align:left|right|center|justify
vertical-align:bottom|middle|top
```

2．说明

text-align 中常用属性值的具体说明见表 11-3，vertical-align 的常用属性值说明见表 11-4。

表 11-3　text-align 常用属性值列表

属　性	描　述
left	设置文本水平方向居左对齐
right	设置文本居右对齐
center	设置文本居中对齐
justify	设置文本两端对齐

表 11-4 vertical-align 常用属性值列表

属　性	描　述
bottom	设置文本垂直方向底端对齐
middle	设置文本垂直中部对齐
top	设置文本垂直方向顶部对齐
baseline	基准线对齐（浏览器默认的对齐方式）

注意：如果块内仅有一行文本，这时仅设置 text-align:justify 无法让该行两端对齐。

例 11-8　设置文本对齐属性的应用，代码如下。

```
<html>
<head>
<title>文本对齐方式</title>
<style  type="text/css">
<!--
 .talign1{text-align:left;}
 .talign2{text-align:center;}
 .talign3{text-align:right;}
 .talign4{text-align:justify;}
 .valign1{vertical-align:top;font-size:10pt;}
 .valign2{vertical-align:middle;font-size:10pt;}
 .valign3{vertical-align:bottom;font-size:10pt;}
 .valign4{vertical-align:baseline;font-size:10pt;}
 -->
</style>
```

```
</head>
<body>
<p class="talign1">这里是左对齐</p>
<p class="talign2">这里是居中对齐</p>
<p class="talign3">这里是右对齐</p>
<p class="talign4">这里是两端对齐, do your best! 这里是两端对齐, do your best! 这里是
两端对齐, do your best! 这里是两端对齐, do your best! 这里是两端对齐, do your best! 这里是
两端对齐, do your best! 这里是两端对齐, do your best! </p>
<p style="font-size:25pt;">参照对齐物,I am a good student.<span class="valign1">
这里是顶部对齐,No pain,No gain.</span></p>
<p style="font-size:25pt;">参照对齐物,I am a good student.<span class="valign2">
这里是中部对齐,No pain,No gain.</span></p>
<p style="font-size:25pt;">参照对齐物,I am a good student.<span class="valign3">
这里是底部对齐, No pain,No gain.</span></p>
<p style="font-size:25pt;">参照对齐物,I am a good student.<span class="valign4">
这里是基线对齐, No pain,No gain.</span></p>
</body>
</html>
```

网页效果如图 11-11 所示。

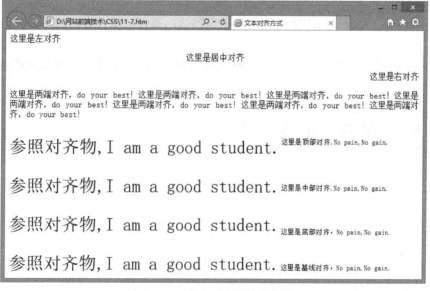

图 11-11　文本对齐属性的应用

11.2.8　转换英文大小写 text-transform

text-transform 属性主要用来控制英文单词的大小写转换。

1. 基本语法

```
text-transform:uppercase|lowercase|capitalize|none
```

2. 说明

uppercase 表示使所有单词的字母都大写，lowercase 表示使用单词的字母都小写，capitalize 表示使每个单词的首字母大写，none 表示默认值。

11.2.9 文本阴影 text-shadow

text-shadow 是 CSS3 新增的特性，用来设置文本中的文字是否有阴影及模糊效果。目前 IE10、Firefox4、Chrome13、Safari5.1.7 和 Opera11.5 及其以上版本均支持该效果。

1. 基本语法

```
text-shadow:none|h-shadow|v-shadow|blur|color;
```

2. 说明

① none：表示无阴影。

② h-shadow：用来设置对象的阴影水平偏移值，即表示水平方向的阴影大小，可以为负值。

③ v-shadow：用来设置对象的阴影垂直偏移值，即表示垂直方向的阴影大小，可以为负值。

④ blur：第三个值可选，用来设置对象的阴影模糊值，不写表示不使用模糊效果，不允许为负值。

⑤ color：设置对象的阴影的颜色。

例 11-9　文本阴影的使用，代码如下。

```
<html>
<head>
<style type=text/CSS>
<!--
p{
  font-family:黑体,华文彩云,隶书;
  font-size:50px;
  font-weight:700;
  color:#347899;
  text-shadow:10px 5px 4px #333;
}
-->
 </style>
</head>
<body>
<p>花间一壶酒</p>
</body>
</html>
```

页面效果如图 11-12 所示。

图 11-12　文本阴影的效果

习题

1. 选择题

① 下列（　　）是设置文字水平对齐的属性。

A．text-valign　　　　　B．text-indent　　　　　C．word-wrap　　　　　D．text-align

② CSS 中给文本添加下画线正确的是（　　）。

A．text-decoration:underline;　　　　B．decoration:under-line;

C．decoration:underline;　　　　　　D．text-decoration:under-line;

③ 下面（　　）是把段落的字体设置为黑体、18 像素、红字字体显示。

A．p{font-family:黑体; font-size:18pc;font-color:red}

B．p{font-family:黑体; font-size:18px;font-color:#ff0000}

C．p{font:黑体 18px #00ff00}

D．p{font:red 黑体 18px}

④ 设置字符间距为 15px 的语法为（　　）。

A．letter-spacing:15px　　　　　　B．line-height:15px

C．letter-height:15px　　　　　　　D．line-spacing:15px

2. 上机题

编写一个网页，对网页中的文字进行排版，具体要求：有两段文字，第一段首字下沉，第二段首行缩进 2 字符；要求全文字符间距为 10 像素，行高为 15 像素，并且要在第二段的最后一句话的文字上加下画线。

第12章

颜色和背景

　　颜色在 CSS 中起到一个十分重要的作用，通过颜色的设置，可以加强页面的观感。在 CSS 中，对象的颜色可以使用 color 属性来设置，它不仅可以设置文本的颜色，也可以设置网页中其他元素的前景色。而网页的背景决定了网页是否整体美观，是重要的设置之一，网页可以用颜色作为背景，也可以用图片作为背景。

12.1　颜色 color

在 HTML 中，设置字体颜色使用的是<font>标签的 color 属性，而在 CSS 中使用 color
属性设置字体的颜色，当然 color 属性不仅用来设置字体的颜色，网页中每个元素的颜色都
可以用 color 属性来设置，且用 color 属性设置的颜色一般都为标签内容的前景色。在 CSS
应用过程中通常有三种定义颜色的方法。

12.1.1　颜色名称定义

HTML 代码要设置颜色时，可以直接使用颜色名称，在 CSS 中，也提供了这种设置颜
色的方式。常用的颜色名称如表 12-1 所示。由于只有一定数量的颜色名称才能被浏览器所
识别，故颜色名称定义的方法只能实现比较简单的颜色效果。

表 12-1　浏览器识别的颜色名称列表

颜 色 名 称	描　　述	颜 色 名 称	描　　述
yellow	黄色	maroon	褐色
blue	蓝色	navy	深蓝
red	红色	olive	橄榄绿
black	黑色	gray	灰色
green	绿色	lime	浅绿
white	白色	aqua	水绿
purple	紫色	fuchsia	紫红
silver	银色	teal	深青

12.1.2　颜色的十六进制定义

在 HTML 网页或 CSS 样式的颜色定义中，设置颜色的方式是利用 RGB 的概念，在 RGB
的概念中，所有颜色都是由红色、绿色、蓝色混合而成的。

在计算机中，定义每种颜色强度的取值范围都是由 0～255。当所有颜色的强度为 0 时，
将产生黑色，当所有颜色的强度都是 255 时，将产生白色。在 HTML 中，要使用 RGB 来指
定颜色时，使用#号，加上 6 个十六进制的数字来表示，表示方法为#RRGGBB，其中 R、G、
B 这三个字母的值范围是 0～9、a～f 这 16 个数字（即用十六进制数值来表示），比如表示红
色的值为#FF0000。如果前两位、中间两位和最后两位都一样的话，也可用 3 位码的形式呈现，
如：#FFF 和#FFFFFF 都是白色。使用十六制定义方法后，能够在页面中定义更加复杂的颜色。

若对具体的颜色值不了解，利用 Dreamweaver 这个工具可任选一个颜色，然后获取该颜
色对应的十六进制值。方法是在 Dreamweaver 的"设计"视图下，在"属性"面板中单击 ▣
（文本颜色），然后把吸管放在需要的某个颜色上，此时会在颜色板上显示这个颜色的十六进
制值，如图 12-1 所示。

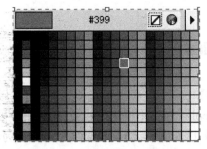

图 12-1　获取十六进制颜色值

12.1.3　颜色的 RGB 函数定义

在 CSS 中，可以利用 RGB 函数，加上三组范围为 0～255 的数字来设置所要的颜色。因为每组数字可表现 256 种颜色强度，所以利用 RGB 函数共可表达出 256×256×256 种颜色。表示方法如下。

```
RGB(R, G, B)
```

其中，R、G、B 代表的整数范围为 0～255。比如表示红色的值，表示方法为 RGB(255,0,0)。另外，还可以用 RGB 函数(%,%,%)方法来设置颜色，三个百分比的含义代表 0～255 颜色强度的百分之多少，如 RGB(100%,0,0)表示红色。用百分比方法设置颜色时，所填入的数值如果超出了 100%时，浏览器会自动寻找最接近的数值表示。

12.2　页面背景 background

页面背景既可以是一种颜色，也可以是一幅图片。由于页面的具体需求不同，页面的背景色也多种多样，在具体应用中，通常有以下三种元素作为背景色：背景颜色、背景图片、背景颜色和背景图片混用。

12.2.1　设置背景颜色

背景颜色的属性是 background-color。

1. 基本语法

```
background-color:颜色值
```

2. 说明

颜色值可以用颜色名称、十六进制码及 RGB 码来表示。background-color 并不只应用于网页背景，表格背景和单元格背景都可以用它来设置。

例 12-1　背景颜色的应用，代码如下。

```
<html>
<head>
```

```
<style type=text/CSS>
<!--
body
 {
  font-family:隶书,黑体,华文彩云;
font-size:30px;
color:navy;           /*文字的颜色*/
background-color:#FFFFCC;        /*网页背景颜色*/
}
td {
background-color:rgb(123,234,111);    /*单元格背景颜色*/
}
-->
</style>
</head>
<body>
<table align="left">
<tr>
<td><b>杨绛一百岁感言</b><p>
一个人经过不同程度的锻炼，就获得不同程度的修养、不同程度的效益。<br>
好比香料，捣得愈碎，磨得愈细，香得愈浓烈。<br>
我们曾如此渴望命运的波澜，到最后才发现：<br>
人生最曼妙的风景，竟是内心的淡定与从容……<br>
我们曾如此期盼外界的认可，到最后才知道：<br>
世界是自己的，与他人毫无关系。</td>
</tr>
</table>
</body>
</html>
```

网页效果如图 12-2 所示。

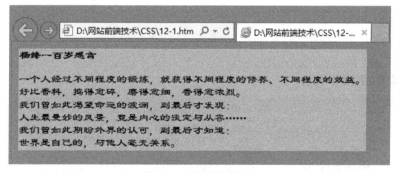

图 12-2　设置背景颜色

12.2.2　设置背景图片

在 CSS 中，可以通过属性 background-image 来设置页面元素的背景图片。

1. 基本语法

```
background-image:url|none
```

2. 说明

none 表示无背景图片；url 表示使用绝对或相对地址指定背景图片。图片的格式一般以 GIF、JPG 和 PNG 格式为主。

例 12-2　背景图片的应用，代码如下。

```
<html>
<head>
<style type=text/CSS>
<!--
body{
background-image:url(night.jpg);
color:yellow;
    }
-->
</style>
</head>
<body>
<table align="left">
<tr>
<td><b>杨绛一百岁感言</b><p>
一个人经过不同程度的锻炼，就获得不同程度的修养、不同程度的效益。<br>
好比香料，捣得愈碎，磨得愈细，香得愈浓烈。<br>
我们曾如此渴望命运的波澜，到最后才发现：<br>
人生最曼妙的风景，竟是内心的淡定与从容……<br>
我们曾如此期盼外界的认可，到最后才知道：<br>
世界是自己的，与他人毫无关系。</td>
</tr>
</table>
</body>
</html>
```

网页效果如图 12-3 所示。

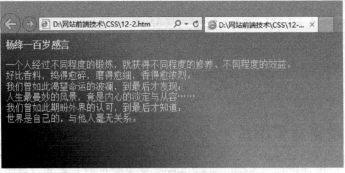

图 12-3　设置背景图片

在上面的代码中，调用的图片路径是相对路径。

CSS3 支持多重背景图，语法同设置单背景图，只要加上一个 URL 指定图片路径，并用逗号（,）将两组 URL 分隔即可，当然图片文件需是同类型的文件，即后缀名一样。

例 12-3　背景图片合并的应用，代码如下。

```
<html>
<head>
<title>设置背景图片位置</title>
<style type=text/css>
<!--
body{
background-image:url(flower.jpg),url(t1.jpg);    /*背景图片组合成一张背景图*/
background-repeat:no-repeat;          /*参见12.2.3节*/
h2{font-family:黑体;font-size:20pt;color:red;
}
  -->
</style>
</head>
<body>
<center>
<h2>背景图片合并</h2>
</body>
</html>
```

网页效果如图 12-4 所示。

图 12-4　两张背景图片合成一张背景图片

12.2.3　设置重复背景图片

在默认情况下，背景图片都是直接重复地铺满整个页面。在 CSS 中，background-repeat 属性用来设置网页元素背景图片的重复方式。

1. 基本语法

```
background-repeat:repeat|repeat-x|repeat-y|no-repeat
```

2. 说明

- repeat：默认值，背景图片在水平和垂直方向平铺。
- repeat-x：背景图片在水平方向重复显示。
- repeat-y：背景图片在垂直方向重复显示。
- no-repeat：背景图片不重复显示。

例 12-4　背景图片水平方向平铺，代码如下。

```
<html>
<head>
<style type=text/CSS>
<!--
body{
background-image:url(t3.jpg);
background-repeat:repeat-x;
}
-->
</style>
</head>
<body>
</body>
</html>
```

网页效果如图 12-5 所示。

图 12-5　设置背景图片的水平方向平铺

12.2.4　设置滚动背景图片

背景图片的附件属性 background-attachment，其功能是设置背景图片的滚动方式。

1. 基本语法

```
background-attachment:scroll|fixed
```

2. 说明

- scroll：当网页滚动时，背景图片会随滚动条而滚动，是默认值。
- Fixed：表示背景图片固定在页面上不动，不随着滚动条的移动而移动。

例 12-5　设置滚动背景图片案例，代码如下。

```
<html>
<head>
<title>应用背景附件属性</title>
<style type=text/css>
<!--
body{
background-image:url(flower.jpg);
background-attachment:scroll;
background-repeat:no-repeat;
    }
h2{font-family:黑体;font-size:20pt;color:red}
.p1{font-size:18px;color:#000000;text-align:center}
  -->
</style>
</head>
<body>
<center>
<h2>杨绛一百岁感言</h2>
</center>
<hr>
<p class="p1">一个人经过不同程度的锻炼，就获得不同程度的修养、不同程度的效益。</p>
<p class=p1>好比香料，捣得愈碎，磨得愈细，香得愈浓烈。</p>
<p class=p1>我们曾如此渴望命运的波澜，到最后才发现：</p>
<p class=p1>人生最曼妙的风景，竟是内心的淡定与从容……</p>
<p class=p1>我们曾如此期盼外界的认可，到最后才知道：</p>
<p class=p1>世界是自己的，与他人毫无关系。</p>
</body>
</html>
```

网页效果如图 12-6 和图 12-7 所示。

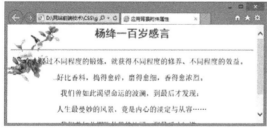

图 12-6　应用滚动背景图片

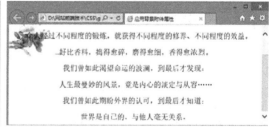

图 12-7　移动滚动条后的效果

12.2.5　设置背景图片位置

background-position 用来设置背景图片的位置。

1. 基本语法

```
background-position: x 位置 y 位置
```

2. 说明

① background-position 的设置值必须有两个，分别是 x 值和 y 值，这两个值用空格隔开。x 值与 y 值可以直接是坐标值或以百分比方法设置的值或是关键字表示的位置。

② 关键字在水平方向上有 left、center 和 right，表示居在、居中和居右；垂直方向有 top、center 和 bottom，表示顶端、居中和底部。水平方向和垂直方向的关键字可以相互搭配使用。

③ 水平位置的起始参考点在网页页面左端，垂直位置的起始参考点在页面顶端。如 background-position:100px 200px; 表示背景图片的水平方向距离左上角 100px，垂直方向离左上角 200px 的距离。单位可以混合使用，如 background-position:30px 40%; 表示背景图片的水平方向距离左上角 30px，垂直方向为 40%。

④ x 坐标、y 坐标：直接输入 x、y 坐标值，单位可以是 pt、px 或百分比，参考如图 12-8 所示的示意图。

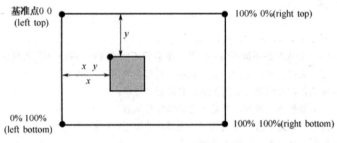

图 12-8　x，y 坐标

例 12-6　设置背景图片位置的应用，代码如下。

```
<html>
<head>
<title>设置背景图片位置</title>
<style type=text/css>
<!--
.p1{
background-image:url(flower2.gif);
background-position:right top;
background-repeat:no-repeat;
    }
.p2{
background-image:url(flower2.gif);
background-position:50% 50%;
background-repeat:no-repeat;
    }
.p3{
background-image:url(flower2.gif);
background-position:0% 100%;
```

```
background-repeat:no-repeat;
    }
h2{font-family:黑体;font-size:20pt;color:red}
-->
</style>
</head>
<body>
<center>
<h2>杨绛一百岁感言</h2>
</center>
<hr>
<p class="p1">一个人经过不同程度的锻炼，就获得不同程度的修养、不同程度的效益。好比香料，捣
得愈碎，磨得愈细，香得愈浓烈。</p>
<p class="p2">我们曾如此渴望命运的波澜，到最后才发现：人生最曼妙的风景，竟是内心的淡定与从
容……</p>
<p class="p3">我们曾如此期盼外界的认可，到最后才知道：世界是自己的，与他人毫无关系。</p>
</body>
</html>
```

网页效果如图 12-9 所示。

图 12-9　设置背景图片的位置

12.2.6　背景复合属性 background

background 属性可以一次设置好所有的背景属性，值之间用空格隔开，属性值之间没有
顺序的要求。例如

```
body{background:url(t1.jpg) no-repeat fixed 100% 100%;}
```
表示网页的背景为图片 t1.jpg，不重复，图像在右下方，图像不随内容而滚动。等价于如下
代码。

```
body{background-image:url(t1.jpg);
    background-repeat:no-repeat;
```

```
background-attachment:fixed;
background-position:100% 100%;
}
```

12.2.7　设置背景尺寸

background-size 是 CSS3 新增的属性。以前的背景图无法重设大小，这个新属性用于设置背景图片的尺寸大小。

1. 基本语法

```
background-size:长度|百分比|auto|cover|contain;
```

2. 说明

① 该属性可提供 1～2 个参数值（特征值 cover 和 contain 除外）。

② 如果提供 2 个参数，第 1 个用于定义背景图片的宽度，第 2 个用于定义高度。

③ 如果只有 1 个参数，该参数用于定义背景图片的宽度，第 2 个默认为 auto，即高度为 auto，以背景图片提供的宽度为参照来进行等比缩放。

④ 用长度值来指定背景图片大小时，不允许为负值；用百分比指定背景图片大小时，也不允许为负值；cover 是将背景图片等比缩放到完全覆盖容器，背景图片有可能超出容器；contain 是将背景图片等比缩放到宽度或高度与容器原宽度或高度相等,背景图片始终被包含在容器内。

例 12-7　设置背景图片尺寸大小的应用，代码如下。

```
<html>
<head>
<title>设置背景图片大小</title>
<style type=text/css>
<!--
p{
 width:180px;
 height:100px;
 padding:20px;
border:10px dotted black;     /*设置边框，10 个像素黑色点线功能，参见第 13 章。*/
 background-image:url(flower.jpg);
background-repeat:no-repeat;
float:left;        /*左侧浮动,是居左对齐,参见第 14 章*/
margin:10px;
};
.a1{background-size:auto;}
.a2{background-size:cover;}
.a3{background-size:contain;}
.a4{background-size:200px;}
.a5{background-size:80% 90%;}
-->
```

```
</style>
</head>
<body>
<p class="a1">auto 真实大小</p>
<p class="a2">cover 等比缩放到盒子</p>
<p class="a3">contain 等比缩放到宽度和盒子相同</p>
<p class="a4">宽 200px ,高等比例</p>
<p class="a5">宽度和高度分别为 80% 90%</p>
</body>
</html>
```

网页效果如图 12-10 所示。

图 12-10　文本对齐属性的应用

12.2.8　定义透明度

CSS3 新增的 opacity 属性可以在元素级别控制透明度。

1. 基本语法

```
opacity:浮点数;
```

2. 说明

使用浮点数指定对象的不透明度。值的取值范围是[0.0,1.0]，若超过这个范围，其计算结果将截取到与之最相近的值。

例 12-8　定义透明度，代码如下。

```
<html>
<head>
<title>设置透明度</title>
<style type=text/css>
<!--
.m1{
width:200px;
height:150px;
text-align:center;
background-image:url(t1.jpg);
color:red;
}
```

185

```
.m2{
width:200px;
height:150px;
text-align:center;
background:yellow;
color:blue;
margin:-80px 0 0 100px;  /*参见第13章*/
opacity:0.5;
}
-->
</style>
</head>
<body>
<div class="m1">不透明度为100%的盒子</div>
<div class="m2">不透明度为50%的盒子</div>
</body>
</html>
```

网页效果如图 12-11 所示。

图 12-11 透明度的设置

1. 选择题

① 在 CSS 中，要设置页面文字的背景颜色，应使用属性（   ）。

A．color   B．bgcolor   C．background-color   D．font-color

② 要实现背景图片在水平方向的平铺，应设置为（   ）。

A．background-repeat:repeat   B．background-repeat:repeat-x

C．background-repeat:repeat-y   D．background-repeat:no-repeat

③　在 CSS3 中，对背景图片的定位方式，即参考原点进行设置的属性是（　　　）。

A．background-repeat　　　　　　　　　B．background-attachment

C．background-origin　　　　　　　　　D．background-position

④　背景附件属性 background-attachment 的取值有（　　　）。

A．scroll　　　　　　　B．top-left　　　　　　C．left center　　　　　D．fixed

⑤　在 CSS3 中，代码"background-size:contain"表示（　　　）。

A．将背景图片等比例缩放到宽度或高度与容器的宽度或高度相等，背景图片始终被包含在容器内。

B．将背景图像等比缩放到完全覆盖容器，背景图像有可能超出容器

C．背景图像为真实大小

D．背景图像缩放到宽度、高度都和容器宽、高相同，图像可能不等比例缩放

2．上机题

制作一个网页，文字内容任意。给网页添加一个背景图片，同时设置文字的背景颜色为黄色，而且背景图片不重复，位于右下方，图片不随滚动条滚动。

第 13 章

CSS 盒子模型

　　CSS 样式除了用来修饰文字和图片效果，更重要的是用来排版和布局。而一个网页就是一个大容器，在网页上展示的信息就像在容器中装东西一样。CSS 将网页中的每一个 HTML 元素都当作一个矩形的块，称之为盒子。

13.1　盒模型简介

在 CSS 中，将样式调用在每一个元素上，就是将每个元素都当作一个长方形的盒子，用这个假设的盒子，设置各元素与网页之间的空白距离，如元素的边框宽度、颜色、样式及元素内容与边框之间的空白距离。

13.1.1　盒模型定义

可显示的页面元素都显示为一个矩形框（即盒子），包括内容区（Content）、内边距（Padding 间隙）、边框（Border）和外边距（Margin 间隔）4 个区域，如图 13-1 所示。直观而言，Margin 用于控制块（即盒子）与块之间的距离。若将盒子模型比作展览馆展出的一幅幅画，那么 Content 就是画面本身，Padding 就是画面与画框之间的留白，Border 就是画框，而 Margin 就是画框与画框之间的距离。

图 13-1　CSS 盒子模型

13.1.2　DIV 盒子

div 标签是 HTML 网页标记语言中的重要组成元素之一，网页通过 div 可以实现对页面的规划和布局。div 元素是一个块元素，相当于一个盒子，可以包含文本、段落、表格等复杂的内容。一般通过 CSS 样式为该盒子赋予不同的表现。

例 13-1　盒子样式定义，代码如下。

```
<html>
<head>
<title>基本盒子</title>
<style type=text/css>
<!--
div{
width:200px;
height:80px;
margin:20px;
padding:15px;
border:10px solid red;
}
```

```
    -->
</style>
</head>
<body>
<div>DIV 中的内容</div>
</body>
</html>
```

网页效果如图 13-2 所示。

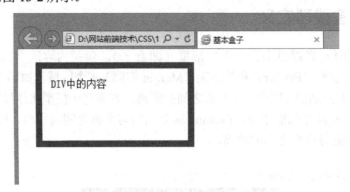

图 13-2　盒子样式的设置

13.2　边框属性

根据设计需求可以对元素的边框进行样式、颜色、粗细等属性的设置。

13.2.1　边框样式属性 border-style

利用边框样式属性可以设置元素边框的不同显示风格。

1. 基本语法

```
border-style:样式值
border-top-style:样式值
border-bottom-style:样式值
border-left-style:样式值
border-right-style:样式值
```

2. 说明

① 边框样式属性中 border-style 是一个复合属性，包括以上 4 条单个边框的样式设定。复合属性 border-style 可以同时取 1~4 个值。样式值如表 13-1 所示。

② 下面分别说明 border-style 属性的 4 个取值方法。

● 设置 1 个值：表示 4 条边框均使用这一个值。

- 设置 2 个值：上、下边框使用第 1 个值，左、右边框使用第 2 个值，两个值一定要用空格隔开。
- 设置 3 个值：上边框使用第 1 个值，左、右边框使用第 2 个值，下边框使用第 3 个值，各值之间要用空格隔开。
- 设置 4 个值：4 条边框按照上、右、下、左的顺序来调用取值。各值之间也要用空格隔开。

表 13-1　边框样式属性值说明

样式的取值	说　　明	样式的取值	说　　明
none	不显示边框，默认值	groove	凹型线
dotted	点线	ridge	凸型线
dashed	虚线或短线	inset	嵌入式
solid	实线	outset	嵌出式
double	双直线		

例 13-2　边框样式的应用，代码如下。

```
<html>
<head>
<title>基本盒子</title>
<style type=text/css>
<!--
div{ width:100px;
    height:60px;
    margin:10px;
}
.bk1{border-style:none;}
.bk2{border-style:solid dashed;}
.bk3{border-style:double dotted dashed;}
.bk4{border-style:groove dotted dashed ridge;}
-->
</style>
</head>
<body>
<div class="bk1">none 无边框</div>
<div class="bk2">有 2 个值的边框</div>
<div class="bk3">有 3 个值的边框</div>
<div class="bk4">有 4 个值的边框</div>
</body>
</html>
```

网页效果如图 13-3 所示。

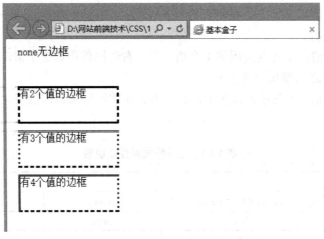

图 13-3　设置边框样式

13.2.2　边框宽度属性 border-width

border-width 属性是控制元素边框的宽度的一个综合属性，和 border-style 一样也有 4 种单独的设置方法，分别定义 4 条边框的宽度，设置方法同边框样式。

1. 基本语法

```
border-width:1-4 个宽度值
border-top-width: 宽度值
border-bottom-width: 宽度值
border-left-width: 宽度值
border-right-width: 宽度值
```

2. 说明

① 宽度值可以是长度或关键字，关键字可以是 medium、thin 和 thick，medium 表示中等边框，是默认值；thin 表示细边框；thick 表示粗边框。

② border-width 的值可以是 1~4 个。如果提供 1 个值，将作用于全部的 4 个边框；提供 2 个值，第 1 个作用于上、下边框，第 2 个作用于左、右边框；若提供 3 个，第 1 个作用于上边框，第 2 个作用于左、右边框，第 3 个作用于下边框。

13.2.3　边框颜色属性 border-color

在 CSS 中，border-color 属性用于设定对象边框的颜色，也是一个综合属性，分别对应 4 个值，用来设定 4 条边框线的颜色。

1. 基本语法

```
border-color:1-4 个颜色值
```

```
border-top-color:颜色值
border-bottom-color:颜色值
border-left-color:颜色值
border-right-color:颜色值
```

2. 说明

关于 1～4 个颜色值的设定同边框线的宽度和边框线的样式属性设定。

13.2.4　边框属性的综合设置

在 CSS 中，border 属性用来同时设置边框的样式、宽度和颜色，也可以对每个边框线的属性进行单独设置。

1. 基本语法

```
border:<边框宽度>|<边框样式>|<边框颜色>
border-top: <上边框宽度>|<上边框样式>|<上边框颜色>
border-right: <右边框宽度>|<右边框样式>|<右边框颜色>
border-bottom: <下边框宽度>|<下边框样式>|<下边框颜色>
border-left: <左边框宽度>|<左边框样式>|<左边框颜色>
```

2. 说明

每个属性都是一个复合属性，各个值之间用空格隔开。

例 13-3　边框综合属性的应用，代码如下。

```
<html>
<head>
<title>边框综合属性的应用</title>
<style type=text/css>
<!--
.p1{border:5px double maroon}
.p2{border-top:10px solid teal}
.p3{border-bottom:15px dotted red}
-->
</style>
</head>
<body>
<p class="p1">设置边框宽度为 5px,双直线，颜色均为茶色。</p>
<p class="p2">设置上边框宽度为 10px，实线，颜色为黑绿色。</p>
<p class="p3">设置右边框宽度为 15px，点线，颜色为红色。</p>
</body>
</html>
```

网页效果如图 13-4 所示。

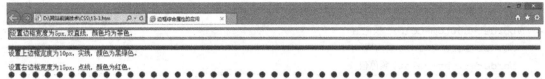

图 13-4　设置边框综合属性

13.3 边距属性

如前面所述，盒子有内边距和外边距，分别指内容与边框的距离和边框与其他元素的距离。

13.3.1 内边距 padding

内边距是指边框内侧与内部 HTML 元素之间的空白距离，也称内补白（或内留白）。共有上、下、左、右四边属性可供设置，padding 可同时设定一个或多个内边距。

1. 基本语法

```
padding:长度|百分比
padding-top:长度|百分比
padding-bottom: 长度|百分比
padding-left: 长度|百分比
padding-right: 长度|百分比
```

2. 说明

① 属性值可以用具体长度值或百分比表示，不可以是负值。

② padding 属性是个复合属性，可以有 1～4 个值。若提供 4 个值，将按上、右、下、左的顺序作用于 4 个边的内留白；若提供 3 个值，第 1 个作用于上边，第 2 个作用于左、右两边，第 3 个作用于下边；若提供 2 个值，第 1 个作用于上、下边，第 2 个作用于左、右边；若提供 1 个值，将作用于全部的 4 条边。

例 13-4　为不同段落设置内边距，代码如下。

```
<html>
<head>
<title>为不同段落设置内边距</title>
<style type=text/css>
<!--
.p1{border:10px solid red;
    padding:35px 10px 15px 25px;
    }
.p2{border:15px dotted teal}
-->
</style>
```

194

```
</head>
<body>
<p class="p2">该段内容只有边框线，没有内留白，即边框线与内容之间没有空白。</p>
<p class="p1">该段内容应用了 padding 这个复合属性，顺序设置了与边框线的上、右、下、左之间
的空白距离。</p>
</body>
</html>
```

网页效果如图 13-5 所示。

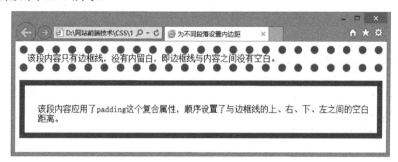

图 13-5　为不同段落设置内边距

13.3.2　外边距 margin

margin（也称边界、外补白、外留白）在边框的外围，它的 4 个属性主要控制元素边界
与文件其他内容的空白距离，共有为上、下、右、左 4 边属性可以设置。

1. 基本语法

```
margin: 长度|百分比|auto
margin-top:长度|百分比|auto
margin-bottom: 长度|百分比|auto
margin-left: 长度|百分比|auto
margin-right: 长度|百分比|auto
```

2. 说明

① auto 为自动提取边距值，是默认值。长度和百分比（百分比是相对于上级元素宽度
的百分比）可以使用负数。

② margin 是复合属性，和其他复合属性的设置方法是一样的，也可以取 1～4 个值来同
时设置边框周围的 4 个边距，按上、右、下、左的顺序作用于 4 个边。具体不再赘述。

如果在页面中同时对多个相邻的元素使用边界属性，那么这些元素的边界部分会根据相
邻方式而显示不同的效果。下面举例介绍处理水平方向（即行内元素）、垂直方向（即块级
元素）和父子包含关系三种相邻元素边界的情况。

例 13-5　两个块并排时即两个行内元素相邻时设置外边距，代码如下。

```
<html>
<head>
```

```
<title>两个行内元素的margin</title>
<style type="text/css">
 <!--
span{
    background-color:red;
    text-align:center;
    font-size:35px;
    padding:15px;
 }
 span.left{
    margin-right:30px;
    background-color:green;
 }
span.right{
    margin-left:40px;
    background-color:blue;
}
-->
</style>
</head>
<body>
    <span class="left">行内元素1</span>
    <span class="right">行内元素2</span>
</body>
</html>
```

网页效果如图 13-6 所示。

图 13-6　行内元素相邻时的外边距

注意：当两个行内元素紧邻时，它们之间的距离为第 1 个元素的 margin-right 加上第 2 个元素的 margin-left，在例 13-5 中，两个行内块之间的距离为 30px+40px=70px。

但倘若不是行内元素，而是产生换行效果的块级元素，情况就会变得不同，两个块级元素之间的距离不再是 margin-bottom 与 margin-top 的和，而是两者中的较大者，如下例所示。

例 13-6　垂直方向为不同段落设置外边距，代码如下。

```
<html>
<head>
<title>为不同段落设置外边距</title>
<style type=text/css>
```

```
<!--
div{width:200px;
    border:10px solid green;
    padding:20px;
    }
#left{ margin:35px 10px 15px 45px;}
#right{ margin:10px 20px 5px 15px;}
-->
</style>
</head>
<body>
<div id="left">该段内容顺序设置外留白为 35px 10px 15px 45px。</div>
<div id="right">该段内容顺序设置了外留白距离 margin:10px 20px 5px 15px。</div>
</body>
</html>
```

网页效果如图 13-7 所示。

图 13-7　设置外边距的应用

经验：

例 13-6 中，块 1 和块 2 之间的距离为 15px（块 1 的 margin-bottom 值）。 margin-top 和 margin-bottom 的这个特点在实际制作网页时要特别的注意，否则常会被增加了 margin-top 或 margin-bottom 值时发现块"没有移动"的假象所迷惑。margin 值可以是负值，若将 #right{ margin:10px 20px 5px 15px;} 改为#right{ margin:-45px 20px 5px 15px;}，结果如图 13-8 所示。

当某元素的边界属性取值为负值时，无论是垂直相邻元素还是水平相邻元素，其最终的相邻边界是两边界值的和，如例 13-6，left 块的 margin-bottom 值加 right 块的 margin-top 值，即 15px +(-45px)=-30px，可见两块重叠。

除了上面提到的行内元素间隔和块级元素间隔这两种关系外，还有一种位置关系，它的 margin 值对 CSS 排版也很重要，就是父子包含关系。当一个<div>块包含在另一个<div>块内部时，便形成了典型的父子关系。其中子块的 margin 将以父块的 content 为参考，如图 13-9 所示。

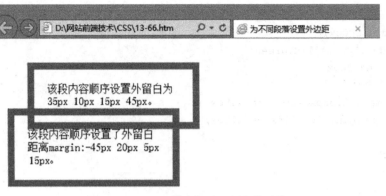

图 13-8 margin 值为负时，两个块重叠

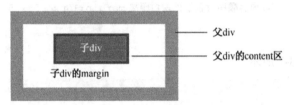

图 13-9 父子块的 margin

例 13-7 盒子的父子位置关系，代码如下。

```
<html>
<head>
<title>父子块的 margin</title>
<style type="text/css">
<!--
div.father{
    background-color:red;
    text-align:center;
    font-size:15px;
    padding:10px;
    border:5px solid #0000ff;
}
div.son{
    background-color:green;
    margin-top:30px;
    margin-bottom:0px;
    padding:15px;
    border:1px dashed yellow;
-->
</style>
</head>
<body>
    <div class="father">
        <div class="son">子 DIV</div>
```

```
    </div>
</body>
</html>
```

网页效果如图 13-10 所示。

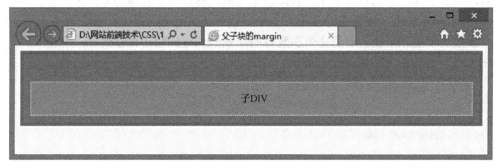

图 13-10　设置父子块的 margin

注意：子 div 距离父 div 上边为 40px（30px margin-top+10px padding），其余三边都是 padding 的 10px。另外，IE 与 Firefox 在 margin 的细节上处理又有区别，如父子元素在水平方向上的距离在两种浏览器中是相同的，但在垂直方向上，显示效果不一样。故在使用这种嵌套元素时，要注意浏览器的兼容性问题。

13.4　圆角边框

除了上述边框基本样式，CSS3 新增了属性来设置圆角边框、图像边框和盒子阴影，这些属性已被部分浏览器支持。本节仅介绍使用较多的圆角边框。

使用 border-top-left-radius、border-top-right-radius、border-bottom-right-radius 和 border-bottom-left-radius 分别设置对象左上角、右上角、右下角和左下角的圆角半径长度，以实现圆角边框的功能。

1. 基本语法

```
border-radius:取值（1-4 个值）/取值（1-4 个值）
border-top-left-radius:[水平半径] [垂直半径]
border-top-right-radius:[水平半径] [垂直半径]
border-bottom-right-radius:[水平半径] [垂直半径]
border-bottom-left-radius:[水平半径] [垂直半径]
```

2. 说明

① border-radius 是个复合属性，可以同时设置 4 个角的圆角边框。属性值可以是长度值和百分比，表示圆角的水平和垂直半径，如果数值为 0，则表示直角边框。

② 它提供 2 组参数，参数间用"/"分隔，每组参数允许设置 1~4 个值。第 1 组参数表示水平半径，第 2 组参数表示垂直半径。若提供 1 组参数，省去第 2 组参数，表示等同于第 1 组参数。

199

③ 若提供 1 组参数，该组参数提供全部 4 个值，将按上左（top-left）、上右（top-right）、下右（bottom-right）、下左（bottom-left）的顺序作用于 4 个角；若提供 3 个值，第 1 个作用于上左，第 2 个作用于上右和下左，第 3 个作用于下右；若提供 2 个值，第 1 个作用于上左和下右，第 2 个作用于上右和下左；若提供 1 个值，将作用于全部的 4 个角。

④ 针对单角边框，提供 2 个参数，2 个参数用空格隔开，第 1 个参数表示水平半径，第 2 个参数表示垂直半径。若第 2 个参数省略，则默认等同第 1 个参数。

例 13-8　设置圆角边框，代码如下。

```
<html>
<head>
<title>设置圆角边框</title>
<style type=text/css>
<!--
div{width:200px;
    height:100px;
    border:10px solid green;
    margin:5px;
    font-size:15px;
    float:left;
    }
.yj1{ border-radius:10px;}
.yj2{border-radius:10px 20px;}
.yj3{border-radius:10px 20px 30px;}
.yj4{border-radius:10px 20px/20px 30px;}
.yj5{border-radius:10px 20px 30px 40px/20px 30px 40x 50px;}
.yj6{border-top-left-radius:20px 25px;
     border-top-right-radius:30px 40px;
     border-bottom-right-radius:25px 30px;
     border-bottom-left-radius: 40x 50px;}
-->
</style>
</head>
<body>
<div class="yj1">水平与垂直半径相同<br>1 个参数：10px；</div>
<div class="yj2">水平与垂直半径相同<br>2 个参数：10px 20px；</div>
<div class="yj3">水平与垂直半径相同<br>3 个参数：10px 20px 30px；</div>
<div class="yj4">水平与垂直半径不同<br>2 个参数：10px 20px/20px 30px；</div>
<div class="yj5">水平与垂直半径不同<br>4 个参数：10px 20px 30px 40px/20px 30px 40px
50px；</div>
<div class="yj6">分别设置左上 20px 25px；<br>右上 30px 40px；<br>右下 25px 30px；<br>
左下 40px 50px；</div>
</body>
</html>
```

网页效果如图 13-11 所示。

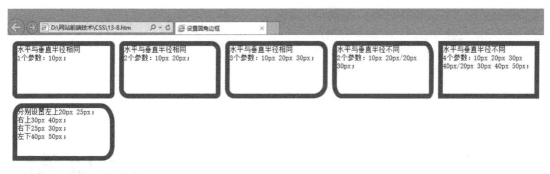

图 13-11　圆角边框的设置

习题

1. 选择题

① 以下关于边框样式属性的说法，不正确的是（　　）。

A．边框样式属性 border-style 是一个复合属性

B．边框样式属性 border-style 不可以同时设置 4 条边框为不同的样式

C．border-style:solid；说明边框的 4 条边都是实线

D．border-bottom-style 可以单独设置下边框的样式

② 下面（　　）显示边框：顶边框 10 像素、底边框 5 像素、左边框 20 像素、右边框 1 像素。

A．border-width:10px 1px 5px 20px　　　　B．border-width:10px 20px 5px 1px

C．border-width:5px 20px 10px 1px　　　　D．border-width:10px 5px 20px 1px

③ 设置边框样式属性 border-style 的取值中 double 表示（　　）。

A．点线　　　　　　　B．实线　　　　　　　C．双直线　　　　　　　D．虚线

2. 上机题

按下列要求制作网页。

① 定义 2 个 div，分别存放文字内容和一幅图片。

② 2 个 div 内容的宽度和高度分别为 300px 和 500px。

③ 文字 div 边框为厚实线边框，颜色为紫色；图片 div 为点线，颜色为绿色。

④ 2 个 div 内留白为 10px。

⑤ 文字 div 左上和右下为圆角。

⑥ 两个 div 水平摆放。

第14章

定位和布局

　　通常布局清晰、主体鲜明的网页容易吸引较多的用户浏览。故在网页设计时，对页面内容进行整体布局（包括如何控制好各个模块在页面中的位置）是非常关键的，只有在布局后才能将内容填充到页面中。本章重点介绍 CSS 元素的定位与布局。

14.1　CSS 元素定位

定位在 CSS 中有着十分重要的作用，通过 CSS 定位，可以实现页面元素的指定效果。现实中实现页面元素定位的方式有两种：浮动定位和定位属性。在页面制作过程中，根据具体情况来选择合适的方式。

14.1.1　定位方式

position 属性通常与<div>标签搭配使用，用来将元素精确定位，定位方式有以下 6 种：static、relative、absolute、fixed、center、page。其中，center 和 page 为 CSS3 新增属性。

1. 基本语法

```
position:static|absolute|relative|fixed|center|page;
```

2. 说明

① static 表示静态定位，是默认设置，它表示块保持在原本应该在的位置上，即该值没有任何移动的效果。

② absolute 表示绝对定位，与位置属性 top、bottom、right、left 等结合使用可实现对元素的绝对定位。绝对定位能精确设定对象在网页中的独立位置，而不考虑网页中其他对象的定位设置，在绝对定位中，对象的位置是相对于浏览器窗口而言的，通常绝对定位以网页的左上角为参照点。

③ relative 表示相对定位，对象不可层叠，但也要依据 top、bottom、right、left 等属性来设置元素的具体偏移位置。相对定位所定位的对象的位置是相对于不使用定位设置时，该对象在文档中所分配的位置。即关键在于被定位的对象的位置是相对于它通常应在的位置而言的。相对定位以其相近的元素为参照点。

④ fixed 表示固定定位，使用 top、bottom、right、left 等属性以窗口为参考点进行定位，当出现滚动条时，对象不会随之滚动，始终保持在窗口相对固定的位置显示。有些版本的 IE 不支持该值，故不推荐使用该值。

⑤ center：使用 top、bottom、right、left 等属性指定盒子的位置或大小。盒子在其包含容器中垂直水平居中。

⑥ page：设置方式参考 absolute 定位。

14.1.2　设置位置 top、bottom、right、left

CSS 的 position 属性进行定位时确定元素相对于某个元素或对象进行偏移时，需要使用 top、right、bottom 和 left 属性进行设置。

1. 基本语法

```
top:auto|长度值|百分比
bottom:auto|长度值|百分比
left:auto|长度值|百分比
right:auto|长度值|百分比
```

2. 说明

top、bottom、right 和 left 属性分别表示对象与其他对象的顶部、底部、右边和左边的相对位置。例如，定位方式为 absolute 时，left 属性用于设定对象与浏览器窗口左边的距离；top 属性用于设定对象与浏览器窗口顶部的距离。auto 无特殊定位，采用默认值。

例 14-1　应用定位方式案例 1，代码如下。

```
<html>
<head>
  <title>应用定位方式</title>
  <style type=text/css>
  <!--
   h2{font-family:黑体;font-size:16pt}
  .d1{background-color:yellow;position:absolute;top:60px;left:40px}
  .d2{background-color:aqua;position:absolute;top:160px;left:25px}
  -->
  </style>
</head>
<body>
 <h2>这是一个例子 </h2>
  <div class=d1>
     本学期开设的课程名为《CSS+Javascript》
  </div>
  <div class=d2>
     本学期开设的课程名为《CSS+Javascript》
  </div>
</body>
</html>
```

网页效果如图 14-1（a）所示。

注意：当 position 设置为 absolute 时，表示块的各个边界离页面边框的距离。例如，top:60px; 表示 d1 块与浏览器窗口顶部的距离是 60px。

若将例 14-1 中的 position:absolute;改为 position:relative;，网页效果如图 14-1（b）所示。此时，d1 块的 top:60px; 表示 d1 块顶部与 h2 标题元素（"这是一个例子"）的距离是 60px，而这个 h2 标题元素所在的位置也是当 d1 块不使用定位设置时，它应该在的位置。

（a）

（b）

图 14-1 应用相对定位方式的设置

例 14-2 应用定位方式案例 2，代码如下。

```
<html>
<head>
  <title>应用定位方式</title>
  <style type=text/css>
  <!--
  h2{font-family:黑体;color:blue;font-size:24pt;
    position:absolute;top:10px;left:200px}
  .d1{position:absolute;top:80px;left:20px}
  .d2{position:absolute;top:80px;left:420px}
  img{position:absolute;top:80px;left:120px}
  -->
  </style>
</head>
<body>
 <h2>诗两首</h2>
<hr>
<img src="t1.jpg">
  <div class="d1">
    白日依山尽，<br>黄河入海流。<br>欲穷千里目，<br>更上一层楼。
  </div>
  <div class="d2">
    千山鸟飞绝，<br>万径人踪灭。<br>孤舟蓑笠翁，<br>独钓寒江雪。
</div>
</body>
</html>
```

网页效果如图 14-2 所示。

图 14-2　设置元素定位

14.1.3　图层定位 z-index 属性

当使用 CSS 对元素进行定位时，可能引起元素的遮盖问题，利用 z-index 属性可以调整定位时重叠块的上下位置，即 z-index 属性可以选择堆叠次序。

CSS 对元素进行定位，position 属性值为 static 以外的值时，可以使用 z-index 属性来定义元素的堆叠次序。z-index 一般与 position 属性和层标签<div>结合使用。

1. 基本语法

```
z-index:auto|数字
```

2. 说明

① auto 表示子层会按照父层的属性显示。

② 数字必须是整数或负数，但一般情况下都取正整数，所以 z-index 属性值为 1 的层位于最下层。z-index 数值越大，层次就越高，也就是说，z-index 数值大的元素会排在数值小的元素上面。

例 14-3　使用图层定位的应用，代码如下。

```
<html>
<head>
  <title>应用定位方式</title>
  <style type=text/css>
  <!--
   div{width:240px;height:150px;text-align:right;color:red;font-size:24pt;}
  .d1{position:absolute;top:20px;left:30px;z-index:1;background-color:#231400;}
  .d2{position:absolute;top:40px;left:60px;z-index:3;background-color:#567799;}
  .d3{position:absolute;top:60px;left:90px;z-index:2;background-color:#916632;}
  -->
  </style>
</head>
<body>
```

```
<hr>
<div class="d1">堆叠层 1</div>
<div class="d2">堆叠层 2</div>
<div class="d3">堆叠层 3</div>
</body>
</html>
```

网页效果如图 14-3 所示。

可见，第 3 层的内容覆盖在第 1 层内容上面，第 2 层的内容又覆盖在第 1 层和第 3 层内容上面。若层内放置的内容和颜色运用合适的话，这种堆叠次序从视觉角度会呈现有立体感，如图 14-4 所示。

图 14-3　使用 z-index 堆叠次序的效果　　　　图 14-4　z-index 堆叠次序的立体效果图

14.1.4　使用浮动属性

在页面中实现元素定位最简单的方法就是使用浮动属性 float。float 有 none、left 和 right 3 个取值。float 定位是 CSS 排版中非常重要的手段，在前面章节中已经有所提及，11.2.2 节中例 11-4 首字下沉实例利用了 float 定位的思想。关于浮动属性的含义和详细使用方法，将在 14.2.5 节详细介绍。

 14.2　CSS 布局属性

CSS 布局属性有多个，如设置层可见性 visibility、设置层溢出 overflow、设置层大小 width 和 height、设置层裁切 clip。另外，CSS 布局属性还可以设置元素的浮动效果等。本节将逐一介绍。

14.2.1　可见性 visibility

属性 visibility 的功能是决定页面的某元素是否显示。

1. 基本语法

```
visibility:visible|hidden|inherit|collapse;
```

2. 说明

① visible 表示定义的元素是可见的。

② hidden 表示定义的元素是不可见的。

③ inherit 表示子层或子元素会继承父层或父元素的可见性，父级元素可见则子级元素也可见。

④ collapse 主要用来隐藏表格的行或列。

例 14-4 可见性属性的应用，代码如下。

```
<html>
<head>
  <title>可见性的使用</title>
  <style type=text/css>
  <!--
  img
    {
     visibility:visible;
     position:absolute;
    }
  -->
  </style>
</head>
<body>
请看这幅图片<img src="t5.jpg" alt=" " width=100  height=50 >
</body>
</html>
```

网页效果如图 14-5（a）所示。

若将 visibility:visible; 改为 visibility:hidden;，则显示结果如图 14-5（b）所示。

（a）　　　　　　　　　　　　　　　　　　　　（b）

图 14-5　设置为隐藏的效果

将例 14-4 的代码改为：

```
<html>
<head>
  <title>可见性的使用</title>
  <style type=text/css>
  <!--
  .d1{position:absolute;top:20px;left:30px;font-size:20pt;
```

```
        color:red;
        visibility:visible;
        background-color:blue;}

    img
        {
        visibility:inherit;
        position:absolute;
        }
    -->
    </style>
</head>
<body>
<div class=d1>请看这幅图片<img src="t5.jpg" alt=" " width=100  height=50 ></div>
</body>
</html>
```

网页效果如图 14-6 所示。

图 14-6　修改可见属性值的结果

14.2.2　裁切 clip

裁切 clip 属性针对绝对定位元素进行剪裁，实现对元素的部分显示。

1. 基本语法

```
clip: rect{<上>|<右>|<下>|<左>} |auto
```

2. 说明

① auto：默认值，不裁剪。

② rect 的 4 个坐标值表示所裁切矩形的 4 个顶点位置，其中以网页左上角为坐标原点 (0, 0)，依据上、右、下、左的顺序定义 4 个坐标值，坐标值则是以左上角为参照点计算的 4 个偏移数值，而且任意一个坐标值都可由 auto 来代替，表示该边不裁切。

例 14-5　CSS 剪裁属性的应用，代码如下。

```
<html>
<head>
  <title>剪裁属性的使用</title>
  <style type=text/css>
  <!--
```

```
    div{position:absolute;
    .d1{clip:rect(50px 140px 150px 10px);
        position:absolute;
        left:230px;
        }
    -->
    </style>
</head>
<body>
<div>
<img src="t1.jpg" width=200 height=150 />
</div>
<div class=d1>
 <img src="t1.jpg" width=200 height=150 />
</div>
</body>
</html>
```

网页效果如图 14-7 所示。

图 14-7　设置 CSS 剪裁属性

左边显示的是原图，右边显示的是裁剪后的图片。层裁切的矩形区域坐标值说明：上坐标 50 像素是指矩形的上边与网页上边的距离；右坐标 140px 是指矩形的右边与网页左边的距离为 140px；下坐标 150px 是指矩形的下边与网页上边的距离；左坐标 10px 是指矩形的左边与网页左边的距离为 10px。

14.2.3　设置层大小 width 和 height

层的大小主要由宽度和高度决定，故涉及的属性主要有 width 和 height。

1. 基本语法

```
width:auto|长度
height:auto|长度
```

2. 说明

① width 表示宽度，而 height 表示高度。

② auto 表示自动设置长度。长度可以用长度数值和相对值中的百分比表示。

③ 对于每个层在设置层大小时，其中只能设置宽度和高度中的一个值，另一个值则自动获得。如果两个值都设置了，则还要同时设置层溢出 overflow。

14.2.4 溢出 overflow

在设置层大小时，若同时给定了层的宽度（width）和高度（height），就有可能出现层的内容会超出所定义层的容纳范围。此时要利用层溢出属性来控制超出范围的内容。

1. 基本语法

```
overflow:visible/hidden/scroll/auto
```

2. 说明

① visible：扩大层的容纳范围，将所有内容都显示出来。

② hidden：隐藏超出范围的内容（超出范围的内容将被裁切掉）。

③ scroll：表示一直显示滚动条。

④ auto：当层的内容超出了层的容纳范围时，则显示滚动条。

例 14-6 设置层空间和层溢出，代码如下。

```
<html>
<head>
  <title>设置层溢出的效果</title>
  <style type=text/css>
  <!--
  h1{font-family:幼圆;font-size:24pt;color:purple;
      position:absolute;left:30px;top:5px;}
  .d1{
      position:absolute;
      top:60px;
      left:50px;
      z-index:1;
      width:300px;
      height:200px;
      overflow:hidden;
      }
  .d2{
      position:absolute;
      top:80px;
      left:30px;
       font-family:仿宋;
      font-size:15pt;
      font-weight:bold;
      z-index:2;
      width:300px;
```

```
        height:100px;
        overflow:scroll;
        }
   -->
   </style>
</head>
<body>
<h1>雨霖铃——柳永</h1>
<div class=d1><img src="off3.jpg" width=350 height=250 /></div>
<div class=d2>
  寒蝉凄切，对长亭晚，骤雨初歇。<br>
  都门帐饮无绪，留恋处舟催发。<br>
  执手相看泪眼，竟无语凝噎。<br>
  念去去千里烟波，暮霭沉沉楚天阔。
</div>
</body>
</html>
```

网页效果如图 14-8 所示。

图 14-8　设置层溢出

例 14-6 中，图像所在层的层溢出属性设为 hidden，故超出范围的内容被隐藏；而文字所在层的层溢出属性设为 scroll，所以滚动条一直会显示。

14.2.5　浮动 float

浮动属性是网页布局的常用属性之一，利用 float 属性可以改变元素的显示方式。

1. 基本语法

```
float:left|right|none
```

2. 说明

① left 表示元素在左边浮动，是居左对齐的。

② right 表示元素在右边浮动，是居右对齐的。

③ none 表示不浮动，是默认值。

例 14-7 CSS 浮动效果的应用，代码如下。

```
<html>
<head>
  <title>设置层溢出的效果</title>
  <style type=text/css>
  <!--
  h1{font-family:幼圆;font-size:24pt;color:purple;text-align:left;}
  .d1{
      font-size:24pt;
      color:red;
      }
 img{float:left;}
  -->
  </style>
</head>
<body>
<h1>早发白帝城——李白</h1>
<img src="zf.jpg" width=250 height=150 >
<div class="d1">
  朝辞白帝彩云间，<br>千里江陵一日还。<br>两岸猿声啼不尽，<br>轻舟已过万重山。
</div>
</body>
</html>
```

网页效果如图 14-9 所示。

图 14-9 设置元素浮动

例 14-7 中，代码 img{float:left;}定义了图片的浮动属性为浮动在元素的左边，即该图片浮动到文字信息的左边，左对齐。

14.2.6 清除浮动 clear

清除浮动属性 clear 的功能是清除页面元素的浮动，和浮动属性是一对功能对立的属性。

213

1. 基本语法

```
clear:left|right|both|none
```

2. 说明

① left 表示不允许在某元素的左边有浮动元素。
② right 表示不允许在某元素的右边有浮动元素。
③ both 表示在某元素左右两边都不允许有浮动元素。
④ none 表示在某元素左右两边都允许有浮动元素。

 ## 14.3 其他页面元素的设置

使用 CSS 可以对列表、超链接样式、鼠标指针、表格等进行美化设置，这些在页面设计中也是经常用到的元素，其中超链接样式的设计参见 10.3.6 节的伪类。本节主要介绍鼠标光标的特效和各种列表样式的设计。

14.3.1 鼠标特效

网页中，鼠标指针有不同的形状，常用的鼠标指针形状有箭头、手形和"I"字形，不同的形状一般代表不同的含义。这种鼠标指针形状的改变可以利用 CSS 的 cursor 属性来实现。cursor 的功能是设置鼠标悬停在某页面元素上时所显示的样式。

1. 基本语法

```
cursor:auto|关键字|URL（图像地址）
```

2. 说明

① auto 表示根据对象元素的内容自动选择鼠标指针形状。
② URL（图像地址）表示选取自定义的图像作为鼠标指针的形状。对鼠标指针图像不同浏览器具有不同的支持性，一般使用的图像格式是.cur 和.ani。
③ 关键字共有 16 种，是系统预先定义好的鼠标指针形状，具体说明和形状见表 14-1。

表 14-1 计算机中常见的鼠标光标样式

关 键 字	指 针 形 状	说 明
auto	自动获得	浏览器默认值
crosshair	＋	精确定位
default	⬉	正常选择箭头
e-resize	→	箭头朝右
help	⬉?	帮助选择

关 键 字	指 针 形 状	说 明
move	✛	移动
ne-resize	↗	箭头朝右上方
nw-resize	↖	箭头朝左上方
n-resize	↑	箭头朝上
pointer	☝	手形
se-resize	↘	箭头朝右下方
sw-resize	↙	箭头朝左下方
s-resize	↓	箭头朝下
text	I	文本选择
w-resize	←	箭头朝左
wait	⧗	等待

例 14-8　鼠标特效的应用，下面的代码通过属性 cursor 指定了 3 个块元素不同的鼠标悬停显示样式，代码如下。

```
<html>
<head>
 <title>鼠标光标的设置</title>
 <style type=text/css>
 <!--
 .mm1{
   cursor:move;
   height:100px;
   width:300px;
 }
 .mm2{cursor:pointer;
   height:100px;
   width:400px;
 }
 .mm3{cursor:help;
   height:100px;
   width:400px;
 }
 -->
 </style>
</head>
<body>
<div class="mm1">移动样式</div>
<div class="mm2">手型样式</div>
<div class="mm3">帮助样式</div>
</body>
</html>
```

页面效果如图 14-10 至图 14-12 所示。

图 14-10　move 显示效果

图 14-11　pointer 显示效果

图 14-12　help 显示效果

注意：图标的格式根据不同的浏览器分为 IE 支持 cur、ani、ico 这 3 种格式；Firefox 支持 bmp、gif、jpg、cur、ico 这 5 种格式，不支持 ani 格式，也不支持 gif 动画格式。因此，一般将图片保存为 cur 或 ico 格式比较好。为了让各个浏览器都能够正常显示，也可以加入 PNG 图片格式的光标，并用逗号（,）分隔，语法如下。

```
cursor:url(images/my.cur),url(images/my.png),auto;
```

这样，当浏览器不支持 cur 光标文件时，就会使用 PNG 图形文件，如果 PNG 图形文件也不支持，就以 auto 样式显示。还有两点需要注意：图片地址为绝对路径；图片大小最好是 32×32 像素，超过这个尺寸在各个浏览器下解析的大小就不一致了。

14.3.2　项目列表

在 HTML 中使用<ul>、<li>等标签来表示列表，利用 CSS 样式来定义列表，是网页布局中较常用的元素。在 CSS 中有如下 4 种常用的列表控制属性。

- list-style-type 列表样式属性
- list-style-position 列表位置属性
- list-style-image 列表图片属性
- list-style 列表综合属性

1. 设计列表样式

属性 list-style-type 的功能是设置列表项目 li 的符号显示样式。

（1）基本语法

```
List-style-type：属性值；
```

（2）说明

list-style-type 属性的常用值如表 14-2 所示。

表 14-2　list-style-type 属性的常用值

属性的取值	说　　明
disc	列表符号为黑圆点●（默认值）
circle	列表符号为空心圆点〇
square	列表符号为小黑方块■
decimal	列表符号按数字排序 1、2、3…
lower-roman	列表符号按小写罗马数字排序 i、ii、iii…
upper-roman	列表符号按大写罗马数字排序 Ⅰ、Ⅱ、Ⅲ…
lower-alpha	列表符号按小写字母排序 a、b、c…
upper-alpha	列表符号按大写字母排序 A、B、C…
none	不显示任何列表符号或编号

例 14-9　设置列表样式，代码如下。

```
<html>
<head>
  <title>列表样式的设置</title>
  <style type=text/css>
  <!--
    li{list-style-type:upper-roman;}
   -->
  </style>
</head>
<body>
<body>
    <b>报名</b>
    <ol>
        <li>报名时间：3 月 16—21 日，逾期不予受理。</li>
        <li>报名地点：所在院系办公室。</li>
        <li>报名费用：按物价局规定 85 元/人/次（含培训费用），报名时交齐。</li>
        <li>提交资料及注意事项：</li>
    </ol>
</body>
</html>
```

页面效果如图 14-13 所示。

报名

   I. 报名时间：3月16—21 日，逾期不予受理。
  II. 报名地点：所在院系办公室。
III. 报名费用：按物价局规定85元/人/次（含培训费用），报名时交齐。
 IV. 提交资料及注意事项：

图 14-13　设置列表样式

2. 列表位置属性

属性 list-style-position 的功能是设置列表符号的缩进，即显示位置，包含两个属性值：向内缩进和不向内缩进。

（1）基本语法

```
list-style-position:outside|inside
```

（2）说明

① outside 表示列表符号不向内缩进，是列表的默认属性值。

② inside 表示列表符号向内缩进。

例 14-10　设置列表位置属性样式，代码如下。

```
<html>
<head>
  <title>列表样式的设置</title>
  <style type=text/css>
  <!--
    .p1{list-style-type:square;
      list-style-position:inside;}
    .p2{list-style-type:square;
      list-style-position:outside;}
  -->
  </style>
</head>
<body>
    <h1>报名</h1>
    <ul class="p1">
        <li>报名时间：3 月 16—21 日，逾期不予受理。</li>
        <li>报名地点：所在院系办公室。</li>
        <li>报名费用：按物价局规定 85 元/人/次（含培训费用），报名时交齐。</li>
        <li>提交资料及注意事项：</li>
    </ul>
<hr>
    <ul class="p2">
        <li>报名时间：3 月 16—21 日，逾期不予受理。</li>
```

```
            <li>报名地点：所在院系办公室。</li>
            <li>报名费用：按物价局规定 85 元/人/次（含培训费用），报名时交齐。</li>
            <li>提交资料及注意事项：</li>
        </ul>
    </body>
</html>
```

页面效果如图 14-14 所示。

图 14-14　设置两种不同列表位置的效果对比图

3. 列表图片属性

属性 list-style-image 的功能是设置使用外部图片作为列表项目编号的符号，这样丰富和美化了列表符号。

（1）基本语法

```
List-style-image:none|URL;
```

（2）说明

none 表示不使用图像符号；URL 指定图像的名称或者路径。

例 14-11　设置列表图片样式，代码如下。

```
<html>
<head>
  <title>列表样式的设置</title>
  <style type=text/css>
  <!--
    p1{list-style-type:square;
       list-style-position:inside;}
    li{list-style-type:square;
       list-style-image:url(tp2.png);
      }
  -->
  </style>
```

```
</head>
<body>
    <h1>报名</h1>
    <ul class="p1">
        <li>报名时间：3 月 16-21 日，逾期不予受理。</li>
        <li>报名地点：所在院系办公室。</li>
        <li>报名费用：按物价局规定 85 元/人/次（含培训费用），报名时交齐。</li>
        <li>提交资料及注意事项：</li>
</body>
</html>
```

页面效果如图 14-15 所示。

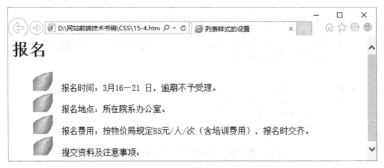

图 14-15　设置列表图像

4. 列表综合属性设置

list-style 是个复合属性，用来设置列表项目相关内容。

（1）基本语法

```
List-style: [list-style-type]|[list-style-position]|[list-style-image]
```

（2）说明

① list-style 是复合属性，可以同时设置多项。

② 若 list-style-image 属性为 none 或指定图像不可用时，list-style-type 属性就发挥作用。

例 14-11　列表综合属性的应用，代码如下。

```
<html>
<head>
  <title>列表综合属性的应用</title>
  <style type=text/css>
  <!--
    .li1{list-style:none outside lower-greek;}
    .li2{list-style:url(tp3.png) inside square;}
  -->
  </style>
</head>
<body>
```

```
        <h4>列表项的综合属性设置：none outside lower-greek</h1>
        <ol class="li1">
            <li>列表项 1</li>
            <li>列表项 2</li>
            <li>列表项 3</li>
        </ol>
        <h4>列表项的综合属性设置：url(tp3.png) inside square</h1>
        <ul class="li2">
            <li>列表项 4</li>
            <li>列表项 5</li>
            <li>列表项 6</li>
    </ul>
</body>
</html>
```

网页效果如图 14-16 所示。

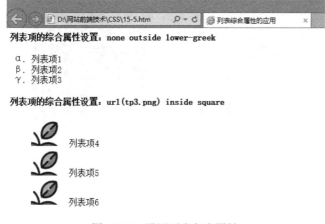

图 14-16　设置列表复合属性

 习题

1. 选择题

① 使用 CSS 的 position 属性进行定位时（　　）表示绝对定位。

A．static　　　　　　　　B．relative　　　　　　　C．absolute　　　　　　D．fixed

② 层溢出属性 overflow 的属性值要设置为超出范围的内容将被裁剪掉,应使用（　　）。

A．visible　　　　　　　B．hidden　　　　　　　C．scroll　　　　　　D．auto

③ 能使层显示在最上面的 z-index 属性值设置是（　　）。

A．z-index:5　　　　　　B．z-index:3　　　　　　C．z-index:1　　　　　D．z-index:7

④ 若希望一进入网站鼠标光标就能显示 crosshair 光标图标，则"cursor:crosshair;" 语句应写在 HTML 文件的（　　）位置。

A．<title>　　　　　　B．<table>　　　　　　C．<head>　　　　　D．<body>

2. 上机题

按下列要求制作如图 14-17 所示的网页。

① 定义两个 div，分别存放文字内容和一幅图片。

② 其中图片层的 height 为 270px，width 为 380px，并显示滚动条。

③ 文字层的文字颜色为红色。

④ 内容的列表项设置成某个自选图片。

⑤ 将鼠标光标设置成不同形态。

⑥ 其余内容在图示效果的基础上自行设计。

图 14-17　网页效果图

第 15 章

CSS 滤镜特效

CSS 滤镜（Filter）可以用来改变图形的外观，让静态的图片产生各种炫丽的展示，以增加图形的视觉效果。若利用 JavaScript 搭配 CSS 的滤镜，还能做出让图片产生水波或动态转换图片等动态特效。这些滤镜属性效果和 Photoshop 中的滤镜效果是类似的。不同点在于：利用 CSS 滤镜属性处理后的图像或文字不仅显示速度快，而且占用内存小。

CSS 滤镜不是浏览器的插件，而是微软公司为增强 IE 浏览器功能而特意开发并整合在 IE 中的一类功能的集合。由于浏览器 IE 有着很广的使用范围，因此 CSS 滤镜也被广大设计者所喜爱。本章主要介绍 CSS 各个基本滤镜的使用方法，包括定义滤镜、加载滤镜、实例解析等。

15.1 概述

滤镜是 CSS 的样式属性之一，可以让网页内的文字、图片及表格等元素产生透明、浮雕、阴影等各种特殊效果。进行滤镜操作必须先定义，语法格式如下。

1. 基本语法

```
filter:filtername (parameters1, parameters2, ...)
```

2. 说明

① filter 是滤镜属性选择符。
② filtername 是滤镜属性名，包括 alpha、blur、chroma 等多种属性。
③ parameters 是表示各个滤镜属性的参数，也正是这些参数决定了滤镜将以怎样的效果显示。

滤镜分为视觉滤镜（Visual Filters）和转换滤镜（Transition Filters）两大类。视觉滤镜也称静态滤镜（或基本滤镜），只可达到静态的特效效果。可以直接作用在对象上，便能立即生效的滤镜，只要在网页内使用 CSS 的定义语法即可，常用的基本滤镜如表 15-1 所示。本章主要介绍 CSS 的基本滤镜的使用。

表 15-1 视觉滤镜属性表

滤 镜 属 性	属 性 说 明
Alpha	透明的渐变效果
Blur	快速移动的模糊效果
Chroma	特定颜色的透明效果
DropShadow	阴影效果
FlipH	水平翻转效果
FlipV	垂直翻转效果
Glow	边缘光晕效果
Gray	灰度效果
Invert	将颜色的饱和度以及亮度值完全反转，建立底片效果
Light	加入光源投射效果
Mask	屏蔽效果
Shadow	渐层阴影效果
Wave	加入波浪变形效果
Xray	加入轮廓效果
Emboss、Engrave	浮雕效果

转换滤镜也称动态滤镜（高级滤镜），是用于两画面进行转换时所使用的特效，将产生动态效果（动态滤镜可以为页面添加动人的淡入淡出、图像转化效果）。除了在网页中利用 CSS 的定义语法外，还必须配合 Script 语言（如 VBScript、JavaScript）以及事件的概念，才

能自如地使用转换滤镜，完成各种各样的图片特效、文字特效，仿 Flash 产生炫丽的效果。

　　注意：只有 IE 可以完全支持滤镜（滤镜是微软 IE 浏览器的组成部分），Firefox 支持部分滤镜，其他内核的浏览器一律不支持。另外，IE10 以上也不再兼容 IE 的滤镜，现在滤镜效果可以用 CSS3 实现。本章滤镜案例的运行环境均为 IE9。

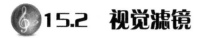15.2　视觉滤镜

视觉滤镜的种类很多，下面就常用的滤镜进行简要介绍。

15.2.1　Alpha 滤镜

Alpha（通道）滤镜主要用来设置图片或文字的颜色透明及渐变的效果，共有 7 个参数。

1. 基本语法

```
filter:alpha(opacity=opcity,finishopacity=finishopacity,style=style,
startX=startX,startY=startY,finishX=finishX,finishY=finishY)
```

2. 说明

- opacity：开始时的透明度，0（完全透明）~100（完全不透明）。
- finishopacity：结束时的透明度，0（完全透明）~100（完全不透明）。
- style：渐变的形状，0：均匀；1：直线；2：圆形；3：矩形。
- startX：渐变开始时的 X 坐标，度量单位为图片宽度的百分比。
- startY：渐变开始时的 Y 坐标，度量单位为图片高度的百分比。
- finishX：渐变结束时的 X 坐标，度量单位为图片宽度的百分比。
- finishY：渐变结束时的 Y 坐标，度量单位为图片高度的百分比。

例 15-1　alpha 滤镜的使用，代码如下。

```
<html>
<head>
<title>设置透明度</title>
<style type=text/css>
<!--
  h2{font-family:黑体;font-size:18pt}
  .alpha1{filter:alpha(style=0)}
  .alpha2{filter:alpha(opacity=60,style=1)}
  .alpha3{filter:alpha(opacity=50,style=2)}
  .alpha4{filter:alpha(opacity=40,style=3)}
  .alpha5{filter:alpha(opacity=0)}
  .alpha6{filter:alpha(opacity=100,finishopacity=0,style=2)}
  -->
</style>
</head>
```

```
<body>
<center>
<h2>同一幅图使用不同 alpha 参数值的效果</h2>
</center>
<hr>
<table>
<tr>
<td>统一形状透明</td>
<td>线形透明度值为 60</td>
<td>放射状透明度值为 50</td>
</tr>
<tr>
<td><img class=alpha1 src="sky.jpg"></td>
<td><img class=alpha2 src="sky.jpg"></td>
<td><img class=alpha3 src="sky.jpg"></td>
</tr>
<tr>
<td>长方形透明度值为 40</td>
<td>完全透明</td>
<td>圆形渐变，中间不透明，四周透明
</tr>
<tr>
<td><img class=alpha4 src="sky.jpg"></td>
<td><img class=alpha5 src="sky.jpg"></td>
<td><img class=alpha6 src="sky.jpg"></td>
</tr>
</table>
</body>
</html>
```

程序运行结果如图 15-1 所示。

图 15-1   alpha 滤镜的不同效果

15.2.2　Blur 滤镜

图片的模糊效果往往给人朦胧和神秘的感觉。Blur（模糊）滤镜可以实现模糊的效果。

1. 基本语法

```
filter:Blur(Add= add, Direction= direction, Strength = strength)
```

2. 说明

① Add：是否要显示原来的对象，0（不显示）、1（显示）。默认值为 1，即显示原来的对象。

② Direction：动态模糊效果的方向，总单位为 315°，0 代表垂直向上，并以每 45°为一个单位，45°为右上，默认值为 270°，为左，如表 15-2 所示。

③ Strength：动态模糊效果的大小，表示有多少像素的大小会被影响。以整数来设置，默认值为 5px（像素）。

表 15-2　Direction 参数值列表

角　　度	方　　向
0	Top（垂直向上）
45	Top right（垂直向右）
90	Right（向右）
135	Bottom right（向下偏右）
180	Bottom（垂直向下）
225	Bottom left（向下偏左）
270	Left（向左）
315	Top left（向上偏左）

例 15-2　Blur 滤镜的使用，代码如下。

```
<html>
<head>
<title>Blur 滤镜</title>
<style type=text/css>
<!--
body{margin:10px;}
  .blur{
filter:blur(direction=45,strength=10)
    }
 -->
</style>
</head>
<body>
<img src="sky1.jpg"> 
<img src="sky1.jpg" class="blur">
```

```
</body>
</html>
```

程序运行结果如图 15-2 所示。

图 15-2　Blur 滤镜的效果

15.2.3　DropShadow 滤镜

DropShadow（下落的阴影）滤镜用于设置对象产生阴影效果，一般用于制作文字阴影，也可应用于图片。

1. 基本语法

```
filter: DropShadow(Color=color,OffX=offX,OffY=offY,Positive=positive)
```

2. 说明

① Color：设置阴影的颜色，以#rrggbb 的格式，或是指定颜色名称的方式。

② OffX：X 轴偏离值，设置值为整数，单位为像素；若水平往右移，则为正数；若水平往左移，则为负数。

③ OffY：Y 轴偏离值，设置值为整数，单位为像素；若垂直往下移，则为正数；若垂直往上移，则为负数。

④ Positive：设置阴影的透明度，0（或 false）：为透明的像素部分建立可见的投影；1（或 true）：为任何非透明像素建立可见的投影。

例 15-3　DropShadow 滤镜在制作文字阴影方面的应用，代码如下。

```
<html>
<head>
<title>dropshadow 滤镜</title>
</head>
<body>
<h6>
<div style="font-size=36;filter:dropshadow(color=green,offx=5,offy=5,positive=1);
height:30">
<font size="5" color=red>DropShadow 滤镜</font>
</div>
```

```
</h6>
</body>
</html>
```

程序运行结果如图 15-3 所示。

图 15-3　DropShadow 滤镜制作文字阴影效果

15.2.4　Glow 滤镜

Glow 滤镜用于设置对象产生边缘光晕的模糊效果，使得对象特别突出。CSS 中的 Glow 滤镜能使得文字和图片实现发光的特效。

1. 基本语法

```
filter: Glow(color=#value, strength=value)
```

2. 说明

① color：设置边缘光晕的颜色。以#rrggbb 的格式，或是指定颜色名称的方式。

② strength：设置边缘光晕的强度大小。设置值为 1～255 的整数。

例 15-4　Glow 滤镜的应用，代码如下。

```
<html>
<head>
<title>Glow滤镜</title>
<style type=text/css>
<!--
 .glow1{
filter:glow(color=#ff0000,strength=10);
}
 .glow2
{filter:glow(color=green,strength=15);
}
 -->
</style>
</head>
<body>
```

```
<h3>设置边缘发光效果</h3>
<hr>
<div style="position:absolute; left:29px; top:70px; width:165px; height:104px;">
<p>我爱北京天安门</p></div>
<div style="position:absolute; left:29px; top:100px; width:165px; height:104px;"
class="glow1"><p>我爱北京天安门</p></div><br><br><br>
<img src="drop.gif">  
<img src="drop.gif" class="glow2">
</body>
</html>
```

程序运行结果如图 15-4 所示。

图 15-4　Glow 滤镜的效果

15.2.5　FlipH/FlipV 滤镜

FlipH 滤镜是设置对象产生水平翻转（或反转）180°，FlipV 滤镜是设置对象产生垂直翻转 180°。Flip 滤镜的使用非常简单，这两个滤镜的基本语法如下。

```
filter: FlipH
filter: FlipV
```

注意：这两个滤镜没有参数。

例 15-5　Flip 滤镜的应用，具体代码如下。

```
<html>
<head>
    <title>FLip 翻转</title>
  <style type=text/css>
  <!--
  .flip1{filter:fliph}
  .flip2{filter:flipv}
  .flip3{filter:fliph flipv}
  -->
```

230

```
    </style>
</head>
<body>
    <h2>同一幅图使用不同 Flip 的效果</h2>
    <hr>
    <table>
      <tr>
        <td>原图</td>
        <td>水平翻转</td>
      </tr>
      <tr>
        <td><img src="library.jpg"></td>
        <td><img class=flip1 src="library.jpg"></td>
      </tr>
      <tr>
        <td>垂直翻转</td>
        <td>水平垂直同时翻转</td>
      </tr>
      <tr>
        <td><img class=flip2 src="library.jpg"></td>
        <td><img class=flip3 src="library.jpg"></td>
      </tr>
    </table>
</body>
</html>
```

运行结果如图 15-5 所示。

图 15-5　Flip 滤镜实现各种翻转的效果

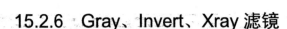

15.2.6 Gray、Invert、Xray 滤镜

Gray（灰度）滤镜能够轻松地将对象中的颜色除去，将彩色图片变成黑白图片（或灰度图）。Invert 滤镜主要用于将色彩、饱和度、亮度值完全反转，相当于底片的效果。Xray 滤镜主要用于让对象显示轮廓加亮，有点类似 X 光片的效果。

这 3 个滤镜使用简单，都没有参数，基本语法如下。

```
filter: gray
filter: invert
filter: Xray
```

下面通过例子比较这 3 个滤镜的不同处理效果。

例 15-6 Gray、Invert、Xray 滤镜的应用，代码如下。

```
<html>
<head>
  <title>Gray\Invert\Xray 滤镜的效果</title>
  <style type=text/css>
  <!--
  .gray{filter:gray}
  .invert{filter:invert}
  .Xray{filter:xray}
  -->
  </style>
</head>
<body>
    <h2>同一幅图使用三种不同滤镜处理的效果</h2>
    <hr>
    <table>
      <tr>
        <td>原图</td>
        <td>Gray 的效果</td>
      </tr>
      <tr>
        <td><img src="library.jpg"></td>
        <td><img class=gray src="library.jpg"></td>
      </tr>
      <tr>
        <td>Invert 的效果</td>
        <td>Xray 的效果</td>
      </tr>
      <tr>
        <td><img class=invert src="library.jpg"></td>
        <td><img class=xray src="library.jpg"></td>
      </tr>
    </table>
  </body>
  </html>
```

程序运行效果如图 15-6 所示。

图 15-6　三种不同滤镜的处理效果

15.2.7　Chroma 滤镜

Chroma（透明色）滤镜主要用于指定对象中的某个颜色，变为透明效果，类似于去背景的效果。

1. 基本语法

```
filter: Chroma(color=#color)
```

2. 说明

color：指定对象中要变为透明的颜色。以#rrggbb 的格式设置，或是指定颜色名称的方式。

例 15-7　Chroma 滤镜在文字信息处理的应用，代码如下。

```
<html>
<head>
```

```
 <title>设置颜色透明效果</title>
 <style type=text/css>
 <!--
  div{font-family:华文行楷;font-size:18pt; font-weight:bold;color:red}
 .chroma{position:absolute;filter:chroma(color=red)}
  -->
  </style>
</head>
<body>
<div>清华大学出版社</div>
<div class=chroma>清华大学出版社</div><br><br>
</body>
</html>
```

程序运行结果如图 15-7 所示。

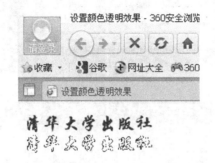

图 15-7　Chroma 滤镜处理文字的效果

注意：div 标签应用该滤镜特效时，必须将其设为绝对位置才有用。

例 15-8　Chroma 滤镜在图片处理的应用，代码如下。

```
<html>
<head>
 <title>Chroma 滤镜的效果</title>
 <style type=text/css>
 <!--
  .chroma{filter:chroma(color:black)}
  -->
  </style>
</head>
<body>
<img src=mouse.gif>  
<img src=mouse.gif class="chroma">
</body>
</html>
```

程序的运行结果如图 15-8 所示。

图 15-8　Chroma 滤镜处理图片的效果

注意：这种透明色滤镜对于某些图片格式不适用。例如，JPEG 格式的图片是一种已经减色和压缩处理的图片，所以要设置其中某种颜色透明十分困难。此外，每张图片只能指定一种透明色，对于已设置另外颜色为透明色的 GIF 等格式的图片，再设置透明色时，原先透明而不可见的颜色会重新显示出来。

15.2.8　Wave 滤镜

Wave（波浪）滤镜主要用于设置对象产生垂直的波浪效果，也可用来把对象按照垂直的波纹样式打乱。

1. 基本语法

```
filter: Wave(add=value,freq=value, lightstrength=value,phase=value, strength=value)
```

2. 说明

① add：产生波浪效果后是否要显示原来的对象。0：不显示；1：显示。默认值为 0。
② freq：设置出现在对象上的波浪数目，以正数设置。
③ strength：设置波浪的振幅大小（即强度）。单位为像素，数值为正整数。
④ lightstrength：设置波浪上光的照射强度，0（最弱）～100（最强）。
⑤ Phase：设置正弦波起始的偏移量。可变范围：0～100（相当于将 360°，划分为 100 个等分）。值代表开始时的偏移量占波长的百分比。如值为 25，代表正弦波从 90°（360°×25%）的方向开始。

首先从文字效果来直观认识 Wave 滤镜。

例 15-9　Wave 滤镜处理文字的效果，代码如下。

```
<html>
<head>
  <title>Wave 滤镜处理文字效果</title>
```

```
<style type=text/css>
<!--
div{
   height:100px;
   font-size:60px;
   color:red;
  }
  div.wave1{
   filter:wave(add=0,freq=2,lightstrength=80,phase=75, strength=4);
 }
  div.wave2{
   filter:wave(add=0,freq=4,lightstrength=30,phase=25, strength=5);
 }
  div.wave3{
   filter:wave(add=1,freq=4,lightstrength=50,phase=0, strength=6);
 }
 -->
 </style>
</head>
<body>
<div class="wave1">印刷学院 bigc</div>
<div class="wave2">印刷学院 bigc</div>
<div class="wave3">印刷学院 bigc</div>
</body>
</html>
```

运行结果如图 15-9（a）所示。

注意：例 15-9 中的<div>标签也可改用<span>，效果如图 15-9（b）所示。

（a）　　　　　　　　　　　　　　　　　　（b）

图 15-9　Wave 滤镜处理文字的效果

例 15-10　Wave 滤镜处理图片的效果，代码如下。

```
<html>
<head>
  <title>Wave 滤镜处理文字效果</title>
  <style type=text/css>
```

```
 <!--
 .wave1{
   filter:Wave(freq=3,lightstrength=15,phase=10, strength=12);
 }
 .wave2{
   filter:Wave(add=true,freq=4,lightstrength=30,phase=60, strength=100);
 }
 -->
 </style>
</head>
<body>
<h2>设置波浪效果</h2>
<table>
<tr>
 <td>原图片</td>
 <td>波浪效果 1</td>
 <td>波浪效果 2</td>
</tr>
<tr>
 <td><img src="bird.jpg"></td>
 <td><img src="bird.jpg" class=wave1></td>
 <td><img src="bird.jpg" class=wave2></td>
</tr>
</table>
</body>
```

程序运行结果如图 15-10 所示。

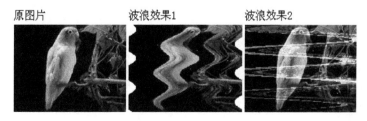

图 15-10　Wave 滤镜在图片处理中的效果

15.2.9　Shadow 滤镜

Shadow（阴影）滤镜除了具备 DropShadow 的阴影效果外，它还多了阴影渐变的特效，可以在指定的方向建立物体的连续投影。

1. 基本格式

```
filter: Shadow(color=#color, direction=value)
```

2. 说明

① color：指定对象中要变为透明的颜色。以#rrggbb 的格式设置，或是指定颜色名称的方式。

② direction：设置阴影的方向。从 0°开始，0°代表垂直向上，并以 45°为一个单位，默认值为 255°。

可见利用 Shadow 滤镜属性设置的阴影可在任意角度投射阴影，但使用 DropShadow 滤镜属性设置的阴影只是某个方向的偏移值。下面通过一个具体例子将这两种滤镜产生的阴影效果进行对比。

例 15-11　Shadow、DropShadow 滤镜的比较，代码如下。

```
<html>
<head>
 <title>shadow、dropshadow 滤镜比较</title>
<style type=text/css>
 <!--
 body{
 margin:12px;
 background:white;
}
 td{text-align:center}
 .shadow{filter:shadow(color=green,direction=235);
}
 .drop{filter:dropshadow(color=green,offx=5,offy=5,positive=true);
}
 -->
 </style>
</head>
<body>
<table>
 <tr>
 <td>原图</td>
 <td>shadow 滤镜效果</td>
 <td>dropshadow 滤镜效果</td>
 </tr>
 <tr>
<td><img src="drop.gif"></td>
<td><img src="drop.gif" class="shadow"></td>
<td><img src="drop.gif" class="drop"></td>
</tr>
</table>
```

程序的运行结果如图 15-11 所示。

图 15-11　阴影效果比较

15.2.10　Mask 滤镜

Mask（遮罩）滤镜主要为对象建立一个覆盖于表面的膜，产生遮罩的效果，这种效果类似于用印章印出的效果。

1. 基本语法

```
filter: Mask(color=#color)
```

2. 说明

color：设置屏蔽的颜色。以#rrggbb 的格式设置，或是指定颜色名称的方式。

例 15-12　Mask（遮罩）滤镜的应用，代码如下。

```
<html>
<head>
  <title>Mask滤镜应用</title>
<style type=text/css>
  <!--
  body{
  margin:12px;
  background:white;
}
  .mask{
   filter:mask(color=blue);
}
  -->
  </style>
</head>
```

```
<body>
<table>
 <tr>
  <td>原图</td>
  <td>Mask 滤镜效果</td>
 </tr>
 <tr>
<td><img src="drop.gif"></td>
<td><img src="drop.gif" class="mask"></td>
 </tr>
</table>
</body>
</html>
```

程序的运行结果如图 15-12 所示。

图 15-12　Mask 滤镜的效果

可见，GIF 图片的所有动画都被蓝色的遮罩盖住了，只有轮廓显示出来。

15.2.11　Emboss、Engrave 滤镜

在 CSS 滤镜中有两个滤镜能够提供类似浮雕的效果，它们分别是 Emboss 滤镜和 Engrave 滤镜。

1. 基本语法

```
Filter:progid:DXImageTransform.Microsoft.enboss(enabled=enabled,bias=bias);
Filter:progid:DXImageTransform.Microsoft.engrave(enabled=enabled,bias=bias);
```

2. 说明

其中 enabled 的值可以为 true 或 false，对应滤镜的开启和关闭，默认值为 true。bias 设置添加到滤镜结果的每种颜色成分值的百分比，取值范围为-1～1，此属性值大的则产生高度滤光效果。对于高对比度的图片而言，该值对滤镜的结果影响较小。

　　这两个滤镜的不同之处在于，Emboss 产生凹陷的浮雕效果，Engrave 则产生凸出的浮雕效果。

　　例 15-13　文字浮雕效果的产生，代码如下。

```
<html>
<head>
<title>文字浮雕效果的产生</title>
<style type=text/css>
<!--
body{
margin:12px;
background:#ffffff;
}
div.emboss{
  font-family:楷体;
  height:100px;width:260px;font-size:24pt;
  font-weight:bold;
  color:#000000;
  filter:progid:DXImageTransform.Microsoft.emboss(bias=0.5);
}
div.engrave{
  font-family:楷体;
  height:100px;width:260px;font-size:24pt;
  font-weight:bold;
  color:#000000;
  filter:progid:DXImageTransform.Microsoft.engrave(bias=0.5);
}
  -->
</style>
</head>
<body>
<div class="emboss">浮雕 Emboss 滤镜</div>
<div class="engrave">浮雕 Engrave 滤镜</div>
</body>
</html>
```

　　显示效果如图 15-13 所示，可见 Emboss 滤镜使得浮雕凹陷，而 Engrave 滤镜使得浮雕凸出。

图 15-13　文字浮雕效果

当浮雕效果用于图片上时与文字效果类似。

例 15-14 图片浮雕效果的产生，代码如下。

```
<html>
<head>
<title>图片浮雕效果的产生</title>
<style type=text/css>
<!--
body{
margin:12px;
background:#000000;
}
.emboss{filter:progid:DXImageTransform.Microsoft.emboss(bias=0.4);}
.engrave{filter:progid:DXImageTransform.Microsoft.engrave(bias=0.4);}
 -->
</style>
</head>
<body>
<img src="t6.jpg"> 
<img class="emboss" src="t6.jpg"> 
<img class="engrave" src="t6.jpg">浮雕 Engrave 滤镜</div>
</body>
</html>
```

显示效果如图 15-14 所示。

图 15-14 图片浮雕效果

至于转换滤镜，除了在网页中利用 CSS 的定义语法外，还必须配合 Script 语言（如 VBScript、JavaScript）以及事件的概念，才能自如地使用它，由于篇幅所限，本书不再讲解，读者可查阅相关参考书。

习题

1. 选择题

① 实现图片放射状的透明效果，应使用（　　）滤镜属性。

A．Alpha　　　　　　B．Blur　　　　　　C．Gray　　　　　D．Invert

② 有关 Gray 滤镜的作用，下列（　　）是正确的。

A．产生光晕效果　　　　　　　　　B．将图设为灰度

C．产生下落式阴影　　　　　　　　D．产生快速移动的模糊效果

③ Alpha 滤镜中的（　　）属性，能够设置图片的渐变外观。

A．finishopacity　　　　B．opacity　　　　　C．style　　　　　D．startx

④ 下列（　　）不是 CSS 滤镜。

A．Alpha　　　　　　B．DropShadow　　　C．Shadow　　　　D．Divide

2. 上机题

综合应用各滤镜属性，如透明属性（alpha）、边缘光晕属性（glow）、波浪属性（wave）等至少 5 种做一个网页效果，网页内容自行设计，包含文字和图片。

第 16 章

JavaScript 基础

由 Netscape 公司开发的 JavaScript 是一种脚本技术，同时又是一种基于对象和事件驱动的编程语言。页面通过脚本程序可以实现用户数据的验证和动态交互。本章主要介绍 JavaScript 脚本的基本语法。

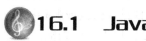
16.1　JavaScript 简介

JavaScript 与 VBScript 一样，都是脚本语言，和 VBScript 相比，JavaScript 的兼容性和可移植性都较好，语法结构与 C 语言很类似。

16.1.1　什么是脚本语言

脚本语言是一种"嵌"入在某程序（如 HTML）代码中来扩展此程序功能的语言，是介于 HTML 和 Visual Basic、Java、C++等编程语言之间的语言。接近高级语言，但比高级语言简单易学，功能没那么强大。

各种语言的特点如下。

- HTML 标记语言通常用于格式化文本和链接网页。
- 编程语言通常用于向计算机发送一系列复杂的指令。
- 脚本语言也可用来向计算机发送指令，但它们的语法和规则没有可编译的编程语言那样严格和复杂。另外，脚本语言不是一种独立的语言，通常嵌入到 HTML 网页中使用。

16.1.2　JavaScript、VBScript 与 Jscript

这三种都是脚本语言。VBScript（Microsoft Visual Basic Scripting Edition）是程序开发语言 Visual Basic 家族的成员，是 Visual Basic 的一个子集，即它仅包含 VB 语言中的一些基本功能，可直接嵌入到 HTML 文件之中。而 JavaScript 与 SUN 公司的 Java 语言在命名上也有些相似，但与 Java 不是同一公司的产品，它是 Netscape 通信公司为扩充 Netscape Navigator 浏览器的功能而开发的一种可以嵌入 Web 主页的编程语言，前身叫 LiveScript，现在称为 JavaScript。微软公司在 Netscape 发布的 JavaScript 的基础上，也开发了自己的 JavaScript 规范，称 Jscript。Jscript 与 JavaScript 语法相同，但结合了 IE 浏览器的特征。

16.1.3　JavaScript 语言的基本特点

JavaScript 语言是一种基于对象和事件驱动，并具有安全性能的脚本语言。它的特点主要体现在以下几个方面。

① 简单性。它基于 Java 基本语句和控制流，变量采用弱类型，如 var x, y; 仅声明了两个变量，但并未指出相应的数据类型。

② 动态性。可直接对用户输入做出响应，而无须经过 Web 服务器。对用户的响应，是采用以事件驱动的方式进行的。所谓事件驱动，是指在主页中执行了某种操作所产生的动作，如按下鼠标、移动窗口等都可视为事件。当事件发生后，可能会引起相应的事件响应。

③ 跨平台性。与操作环境无关的脚本语言，在多个浏览器中均得到支持。

④ 安全性。被设计成通过浏览器来处理并显示信息，不能修改其他文件中的内容。即不能将数据存储在 Web 服务器或用户的计算机上，更不能对用户文件进行修改或删除操作。

通过 JavaScript 语言编程，可以在网络数据库应用系统开发中实现以下主要功能。

① 客户端的数据验证功能。

② 方便地操纵各种浏览器对象。

③ 控制浏览器的外观、状态和运行方式。

与 CSS 相比，JavaScript 与 CSS 都是可以直接在客户端浏览器解析并执行的脚本语言。CSS 是静态的样式设定，而 JavaScript 是动态地实现各种功能。

总之，JavaScript 是一种基于客户端浏览器的语言，用户在浏览的过程中填表、验证的交互过程，只是通过浏览器对调入的 HTML 文档中的 JavaScript 源代码进行解释执行来完成的，即使是必须调用 CGI 的部分，浏览器只将用户输入验证后的信息提交给远程的服务器，大大减少了服务器的开销。

16.1.4　在 HTML 中加入 JavaScript 代码

开发一个 Web 应用系统，除静态页面、后台管理程序（ASP）外，还需要编写客户端脚本程序。通过客户端脚本程序，可以在客户端执行页面数据验证及处理页面的动态表现。这不仅可以减少客户端与服务器端的数据通信量，也使得用户与页面的交互功能更为完善。

JavaScript 可出现在 HTML 的任意地方，使用标签<script>.....</script>进行声明，但若在声明框架的网页中插入该声明，一定在<frameset>标签之前插入，否则不能正常运行。其基本格式如下。

```
<script language="javascript">
    javascript 代码
</script>
```

另一种方法是，把 JavaScript 代码写到另一个文件中（后缀名为.js），然后使用<script src=" javascript.js " language=" javascript " ></script>，把它嵌入到文档中。在实际的开发中，这种用法也是使用十分频繁的，当 JavaScript 代码数量达到了一定的程度时，比如几千行或上万行时，如果使用<script>标签的嵌入用法，将会导致 HTML 文件变得巨大，而且脚本与 HTML 代码混合在一起，这不管对开发者，还是维护人员来说，都是痛苦的。

实际上，使用 VBScript 或 JavaScript，既可编写服务器端脚本，也可编写客户端脚本。服务器端脚本在 Web 服务器上执行，生成发送到浏览器的 HTML 页面。客户端脚本由浏览器处理，必须把脚本代码用<script></script>标记嵌入到 HTML 页面中去。

在 ASP 技术中，JavaScript 与 VBScript 均可构成 ASP 代码的主体，它运行于服务器端，ASP 中的服务器端脚本要用分隔符<%和%>括起，或者在<script></script>标签中用 RunAT=Server 表示脚本在服务器端执行。有以下两种语法格式：

```
<%  @Language="脚本语言" %>
```

或

```
<Script Language="VBScript" RunAT=Server>
</Script>
```

前者比后者更为简洁。

由于可以解释 VBScript 脚本的浏览器只有 Microsoft Internet Explorer，Netscape Navigater 浏览器将忽略 VBScript 脚本。故通常不将 VBScript 作为客户端编程语言，而 JavaScript 脚本语言具有很好的跨平台性，因此，JavaScript 脚本更倾向于编写基于客户端的程序。

注意：本章所有的 JavaScript 实例均是在客户端的浏览器上运行的。

16.1.5　一个简单的实例

在正式学习 JavaScript 的语法之前，首先看一个简单例子，以便直观地了解如何在 HTML 中加入 JavaScript 程序。

例 16-1　一个简单例子，代码如下。

```html
<html>
<head>
<title>javascript 基本语法</title>
</head>
<body>
<script language="JavaScript">
alert("Hello Word!");     //弹出对话框
</script>
</body>
</html>
```

运行结果如图 16-1 所示。

图 16-1　第一个简单例子的运行结果

运行该文件时，一个小的提示窗口从页面中弹出（见图 16-1）。网上很多讨厌的小广告也是用类似的弹出窗口制作的。

注意：与大多数编程语言一样，JavaScript 也提供注释，具体有两种：单行注释和多行注释。

● 单行注释用双反斜框 "//" 表示。出现该符号时，则标记后面的内容为注释。

● 多行注释是用 "/*" 和 "*/" 括起来的一行到多行文字。

为了方便别人读懂程序，要养成写注释的习惯。另外，调试程序时也要经常使用注释。

16.2　JavaScript 基本语法

16.2.1　JavaScript 的语句

每条 JavaScript 语句都必须用分号 ";" 结尾，格式如下。

```
<语句>;
```

其中分号";"是 JavaScript 语言作为一个语句结束的标识。除了单条语句，还有复合语句，即由大括号"{}"括起来的一条或多条语句构成的一条复合语句。

16.2.2　数据类型

JavaScript 有 6 种数据类型：数值类型（number）、字符串类型（string）、对象类型（object）、布尔类型（Boolean）、空类型（null）和未定义类型（undefined）。

1. 字符串类型

字符串是用单引号（' '）或双引号（" "）作为分界符的零个或多个字符，字符的个数为字符串的长度。例如，"The cow jumped over the moon."。单双引号可嵌套使用，例如，'这里是"BEI JING"，欢迎你！'。

注意：由于一些字符在屏幕上不能显示，或者 JavaScript 语法上已经有了特殊用途，通常起到控制作用。在用这些字符时，就要使用"转义字符"。转义字符用斜杠"\"开头，JavaScript 常用的转义字符（或称控制字符）见表 16-1。

表 16-1　JavaScript 中的转义字符

控 制 字 符	说　　明	控 制 字 符	说　　明
\b	表示退格	\t	表示 TAB 符号
\f	表示换页	\'	表示单引号本身
\n	表示换行	\"	表示双引号本身
\r	表示回车	\\	表示反斜扛本身

2. 数值类型

JavaScript 的数值类型包括整数和浮点数。整数由正数、0 或者负数构成，可以用十进制、八进制、十六进制表示。八进制数的表示方法是在数字前加"0"，如"0123"表示八进制数"123"，十六进制则是加"0x"，如"0xEF"表示十六进制数"EF"。浮点数即实数，由正负号、数字和小数点构成，也可以写成"e"（字符 e 大小写均可，在科学记数法中表示"10 的幂"）的形式（即科学计数法）。

3. 布尔类型

布尔类型常用于判断，只有两个值可选：true（表示"真"）和 false（表示"假"）。这是两个特殊值，作为 JavaScript 的保留字，属于"常量"。

4. 空类型

空类型只有一个值：null，即表示空值。

5. 未定义类型

一个为 undefined 的值就是指变量被定义，但未给该变量赋值。

6. 对象类型

除了上面提到的各种常用类型外，对象类型也是 JavaScript 中的重要组成部分，这部分将在后面详细介绍。

16.2.3　变量和常量

1. 变量

在程序中，不同类型的数据可以是变量，也可是常量，变量的值在程序执行期间是变化的，而常量则不变。在 JavaScript 中声明了一个变量后，就可以在其中保存各种数据了。

（1）变量的声明（或定义）

JavaScript 是一种对数据类型要求不太严格的语言，采用弱类型变量，即变量在语句中使用前可以不做声明（或定义），而在具体使用或赋值时才确定类型。但对变量声明的好处是能够及时发现程序中的错误，因为动态编译不易发现程序中的错误，特别是变量名称方面的。为了形成良好的编程风格，变量应采取先声明再使用的方法。JavaScript 中变量的定义用关键字 var 来实现，格式如下。

```
var 变量名称;
```

如：

```
var temp;
var score=90;
var author="Isaac";
```

也可以使用如下格式一次声明多个变量：

```
var 变量名称1,变量名称2,…,变量名称N;
```

（2）变量的命名规则

JavaScript 区分大小写，变量命名必须遵循 JavaScript 的标准命名规则，主要包括以下规定。

- 变量名只能由字母、数字和下画线组成。
- 第一个字符必须是一个字母或一个下画线。
- 变量名不能是系统的保留字（或关键字，如 var、for、null 等）。
- JavaScript 是区分大小写的，所以给变量命名时要考虑大小写的问题。
- 长度不要超过 255 个字符。
- 名字在被声明的作用域内必须唯一。

（3）变量的作用域

JavaScript 的变量有两种不同的作用域：全局的和局部的。全局变量定义在页面的函数外部，可以被各个函数使用，也就是说，它的作用范围贯穿页面的始终；局部变量是在函数内部设置的，所以它的作用范围被限制在定义它的函数内，只有在函数内有效。

具体的判断标准：在某函数内声明变量时，它们是局部的；在任何函数外声明的属于全局变量，见例 16-2。

例 16-2　局部与全局变量，代码如下。

```
<Script>
var langJS = "JavaScript";    //langJS 是全局变量，作用范围贯穿整个文件
test();
function test() {
    var langVBS = "VBScript"; //langVBS 是局部变量，作用范围仅限制在函数 test 内
document.write("<LI>" + langJS);
    document.write("<LI>" + langVBS);
}
document.write("<LI>" + langJS);
document.write("<LI>" + langVBS);
</Script>
```

2．常量

JavaScript 常量是具有一定含义的名称，用于代替数字或字符串，其值是固定不变的。常量可像变量一样说明，赋值给它，只是该值不能改变。在 JavaScript 中常用的常量如下。

● 布尔常量，如 True、False。

● 整数常量，如 123、089、0xaff。

● 浮点数常量，如 3.14、0.56、3.45E+4。

● 字符串常量，如"English"（包括转义字符常量）。

16.2.4　运算符和表达式

不同的运算符代表着不同的运算功能，程序在运行过程中会按照给定的运算符进行操作。运算符主要包括赋值运算符、算术运算符、关系运算符及逻辑运算符。

1．赋值运算符

"="为赋值运算符，它将"="右边的值（内容）赋给左边的变量。可以用赋值运算符来设置变量的值，例如：

```
varstring1;
string1="欢迎学习 JavaScript!"
```

以上是简单的赋值运算符，还有一种称为复合的赋值运算符，常用的有以下几种形式。

● "+="：将左操作数与右操作数相加，结果赋值给左操作数。

● "−="：将左操作数减去右操作数，结果赋值给左操作数。

- "*="：将左操作数与右操作数相乘，结果赋值给左操作数。
- "/="：将左操作数除以右操作数，结果赋值给左操作数。
- "%="：将左操作数用右操作数求模，结果赋值给左操作数。

2．算术运算符

常用的算术运算符见表 16-2。

表 16-2　算术运算符列表

算术运算符	说　　明	算术运算符	说　　明
+	加	%	求余
−	减	++	自加
*	乘	--	自减
/	除		

其中，++（自加或自增）表示递增 1，有两种不同表示方法。

- x++：x 的值增加 1，但 x++的值还是原来的 x 值。
- ++x：x 的值增加 1，++x 的值就等于后来 x 的值，即增加 1 后的 x 值。

同样，--（自减）表示递减 1，也有两种不同表示方法。

- x--：x 的值减 1，但 x--的值仍返回原来的 x 值。
- --x：x 的值减 1，--x 的值就等于后来 x 的值。

例 16-3　自增与自减运算符的用法，代码如下。

```
<html>
<head>
<title>javascript 基本语法</title>
</head>
<body>
<script language="JavaScript">
x=10;
y=10;
document.write("x++ = " + x++);
document.write("<br>");
document.write("x = " +x );
document.write("<br>");
document.write("--y = " + --y);
document.write("<br>");
document.write("y = " + y);
</script>
</body>
</html>
```

程序运算结果如图 16-2 所示。

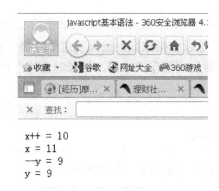

```
x++ = 10
x = 11
--y = 9
y = 9
```

图 16-2　程序的运算结果

3．位运算符

① 按位与 "&"：对两个操作数进行与操作。

② 按位或 "|"：对两个操作数进行或操作。

③ 按位异或 "^"：对两个操作数进行异或操作。

④ 按位取非 "～"：单目运算符，对操作数进行按位取非操作。

⑤ 左移操作符 "<<"：双目运算符，对左操作数进行向左移位，移动的位数为右操作数。移位时，左操作数的最低位补 0。

⑥ 右移操作符 ">>"：双目运算符，对左操作数进行向右移位，移动的位数为右操作数。移位时，左操作数的最高位用符号位填充，即正数补 0，负数补 1。

4．逻辑运算符

① 逻辑与 "&&"：当两个操作数都为 True 时，结果为 True，其他情况结果为 False。

② 逻辑或 "||"：当两个操作数都为 False 时，结果为 False，其他情况结果为 True。

③ 逻辑非 "!"：!True=False，!False=True。例如，!（3>5）= True，!（1<4）= False。

5．比较运算符

① 等于 "=="：判断两个操作数是否相等，若相等返回 True，否则返回 False。

② 不等于 "!="：判断两个操作数是否不相等，若不相等返回 True，否则返回 False。

③ 小于 "<"：若左操作数小于右操作数返回 True，否则返回 False。

④ 大于 ">"：若左操作数大于右操作数返回 True，否则返回 False。

⑤ 小于或等于 "<="：若左操作数小于或等于右操作数返回 True，否则返回 False。

⑥ 大于或等于 ">="：若左操作数大于或等于右操作数返回 True，否则返回 False。

6．连接字符串

JavaScript 中使用 "+" 运算符来实现字符串的连接。例如：

```
……
var a,b,c;
a="111";
```

```
b=222;
c="222";
document.write(a+b); //输出的结果为 111222
document.write("<br>");
document.write(a+c); //输出的结果为 111222
……
```

可见，当字符串和字符串相加时，此时是连接运算，结果为两个字符串连接起来。当字符串和数字相加，则将数字转换为字符串再进行连接运算。仅当数字和数字相加时，结果才为数字相加之和。

7. 其他运算符

① 条件操作符格式如下。

```
(condition)?val1:val2
```

先判断条件（condition）是否成立，即结果是否为真，若为真，整个结果取 val1 的值；否则取 val2 的值。这是 JavaScript 脚本言中唯一的一个三目运算符（也称三元运算符，即有 3 个操作数的运算符）。

② 成员选择运算符 "."：用来引用对象的属性或方法，如 document.write。

③ "delete"：用来删除对象、对象的属性、数组元素。

④ "new"：用来生成一个对象的实例，如 new myObject。

⑤ "void"：用于定义函数，表示不返回任何数值，如 void myFounction()。

⑥ "this"：用来引用当前对象。

8. 运算符的优先级

JavaScript 提供的运算符有很多种，在一个表达式中允许使用多种不同的运算符，这就涉及运算符的优先级问题。在每一类运算符的内部，各个运算之间又会有不同的优先顺序。

① 运算符由高到低的优先级次序分别为!、算术运算符、关系运算符、逻辑运算符、赋值运算符。

② 在算术运算符中，优先级由高到低分别为先乘、除（*、/）和取模（%），后加法和减法（+、−）。

③ 关系运算符的优先级由高到低分别为大于（>）、大于或等于（>=）、小于（<）、小于或等于（<=），这 4 种运算符优先级相等高于等于（= =）、不等于（!=）。

④ 逻辑运算符的优先级由高到低分别为!、&&、||。

可见在上述运算符中，优先级最高的是逻辑非（!）。

在使用的过程中，也可以通过圆括号（）来改变运算的顺序。意味着圆括号中的表达式的优先权最高。

9. 表达式

根据表达式值的类型，JavaScript 的表达式分为算术表达式、字符串表达式、逻辑表达式 3 种。

```
(y*16)+34        //算术表达式
x>=20 or x<7        //逻辑表达式
"字符串 str 的值是:"+ string1  //字符串表达式
```

16.3 JavaScript 流程控制语句

最简单的程序是由若干条语句（或命令）构成的，各语句是按照位置的先后次序，逐条按顺序执行的，且每条语句都会被执行到，这种程序称为顺序结构。一般的程序不可能全是这种顺序结构，而流程控制语句则是用来改变程序执行的流程。

JavaScript 语言同 C 语言、VB 等类似，提供了相同的程序流程控制语句，包括选择（条件）语句和循环语句两种。

16.3.1 选择语句

在 JavaScript 中选择语句（也称条件语句）可分为两种：if 语句和 switch（开关）语句。

1. if 语句

JavaScript 中的 if 语句有 3 种主要形式。

（1）最简单的 if 语句

具体格式如下。

```
if(表达式)
  {
语句块；
  }
```

执行过程：先对条件表达式的值进行判断，若表达式的值为真（即成立，值为非 0），则执行语句块，否则执行 if 的后继语句（即跳过 if 语句，执行后面的语句）。

我们将语法结构用比较直观的图形来表示，如图 16-3 所示的流程图。

说明：

① 语句块可包含一条或多条语句，若语句块只有一条语句，则大括号{}可以省略不写。

② if 语句中的"表达式"必须用"（"和"）"括起来。

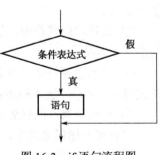

图 16-3 if 语句流程图

例 16-4 根据打开网页的时间显示相应的欢迎信息，代码如下。

```
<html>
<head>
<title>Hello!</title>
</head>
<body>
```

```
<script language="javascript">
var message="";
var d=new Date();      //新建日期对象
var h;
h=d.getHours();  //获取日期对象中的小时数（0～23）
if((h>=0) && (h<=5))
 message="夜深了，该休息了。";
if((h>=6) && (h<=8))
 message="早晨好！";
if((h>=9) && (h<=12))
 message="上午好！";
if((h>=13) && (h<=18))
 message="下午好！";
if((h>=19) && (h<=23))
message="晚上好！";
document.write(message);
</script>
</body>
</html>
```

程序运行结果如图 16-4 所示。

图 16-4　if 语句的应用

注意：day=new Date()中的 Date 是 JavaScript 的内置内象，关于它的使用在 17.1.2 节中详细介绍。程序中大写的字母一定不能变成小写，如 Date、getHours 中的大写字母，因为 JavaScript 是区分大小写的。

（2）if-else 语句

具体格式如下。

```
if(表达式)
    {语句块1;}
else
    {语句块2;}
```

执行过程：如果表达式的值为真，则执行语句块 1，否则执行语句块 2。它的流程图如图 16-5 所示。

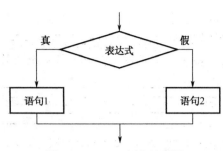

图 16-5 If-Else 语句流程图

说明：

① 若语句块 1 包括 2 条或以上的语句，则必须加一对花括弧，表明它们是一个整体，即复合语句。

② else 子句是 if 语句的一部分，必须与 if 配对使用，不能单独使用。

③ 当 if 和 else 下面的语句组仅由一条语句构成时，也可不使用复合语句形式（即去掉花括号）。

（3）阶梯嵌套形式 if-else-if 语句

具体格式如下。

```
if(表达式 1)
语句块 1;
 else if(表达式 2)
语句块 2;
 else if(表达式 3)
语句块 3;
…
 else if(表达式 n)
语句块 n;
else
语句块 n+1;
```

执行过程：在这种阶梯嵌套结构中，是自上而下进行条件判断的，一旦哪个条件为真，就执行它后面的语句，然后跳过其他内容，结束整个阶梯判断。即先判断表达式 1，若为真，则执行语句块 1，完毕后直接执行 if 的后继语句；若为假，则接着往下判断表达式 2，以此类推。若从表达式 1 到表达式 n 均没有哪个表达式为真，则执行 else 后面的语句块 $n+1$。else 部分也可省去不写，若此时前面的条件全不满足，直接执行 if 的后继语句。语句的执行过程如图 16-6 所示。

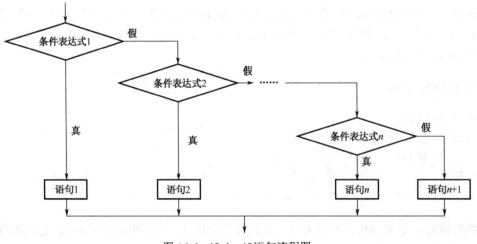

图 16-6 if-else-if 语句流程图

例 16-4 的写法非常烦琐，下面利用 if-else-if 语句改写例 16-4。

例 16-5　if-else-if 语句的应用，代码如下。

```
<html>
<head>
<title>Hello!</title>
</head>
<body>
<script language="javascript">
var message="";
var d=new Date();        //新建日期对象
var h;
h=d.getHours();          //获取日期对象中的小时数（0～23）
if(h<=5)
 message="夜深了，该休息了。";
else if(h<=8)
 message="早晨好！";
else if(h<=12)
 message="上午好！";
else if(h<=18)
 message="下午好！";
else
 message="晚上好！";
document.write(message);
</script>
</body>
</html>
```

2．switch 语句

if 的阶梯嵌套形式即 if-else-if 实际上是一种多路选择（分支选择），JavaScript 语言还提供了一种用于多路选择的 switch 语句直接处理多分支选择。

这种语句用一个变量同多个常量进行比较，找到相匹配的条件。它的一般形式如下。

```
switch (表达式)
{ case    常量表达式1：语句组；break；
   case    常量表达式2：语句组；break；
……
  case    常量表达式n：语句组；break；
[default：语句组；[break；]]
 }
```

执行过程：进入 switch 结构后，计算表达式的值，然后从上到下去找与表达式的值相等的 case 常量表达式，当与某个 case 后面的"常量表达式"的值相同时，就执行该 case 后面的语句（组）；当执行到 break 语句时，跳出 switch 结构，转向执行 switch 语句的下一条（即 switch 的后继语句）。若找不到匹配的 case 常量表达式，程序就执行 default 后面的语句。当然这个 default 也可省略。

要想正常退出这个 switch 结构，必须在每个 case 对应的语句组后用一个 break 语句，否则程序会继续执行下面 case 对应的语句组，直到遇到一个 break 语句为止。

例 16-6 switch 语句的应用，代码如下。

```
<html>
<head>
<title>Switch 的应用</title>
</head>
<body>
<script language="javascript">
var num=5;
document.write("输出数字对应的英文月份:");
document.write(num);
switch(num)
{
case 1:alert("January");break;
case 2:alert("February");break;
case 3:alert("April");break;
case 4:alert("March");break;
case 5:alert("May");break;
case 6:alert("June");break;
case 7:alert("July");break;
case 8:alert("August");break;
case 9:alert("September");break;
case 10:alert("October");break;
case 11:alert("November");break;
case 12:alert("December");break;
}
</script>
</body>
</html>
```

程序的运行结果如图 16-7 所示。

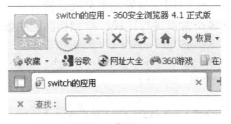

图 16-7 switch 的应用

16.3.2　循环语句

在程序设计中，经常遇到这样的情况：若给定的条件成立时，需要重复执行一些操作。这样就应使用循环语句来控制流程。JavaScript 语言提供了 3 种循环语句，分别为 while 语句、do-while 语句和 for 语句。

1. while 语句

用来实现"当型"循环结构，即当条件表达式的值为真时，就执行语句组，表达式的值不成立（为假时），退出 while 循环的语句组，执行 while 的后继语句，其一般格式如下。

```
while(表达式)
{
语句组;
}
```

执行过程：先求表达式的值，如果其值为非 0（即为真时），就执行循环体内的语句组；否则（值为假时）就终止循环，执行 while 语句的下一条（while 语句的后继语句），其程序流程图如图 16-8 所示。

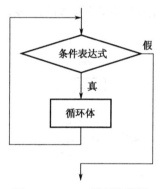

图 16-8　while 循环流程图

例 16-7　求 1+2+…+100 的和，代码如下。

```
<html>
<head>
<title>Hello!</title>
</head>
<body>
<script language="javascript">
var i,sum;
i=1;            //变量赋初值
sum=0;          //变量赋初值
while(i<=100)
 {
sum=sum+i;
  i=i+1;
}
document.write("1+2+3...+100=" + sum);
```

```
</script>
</body>
</html>
```

程序的运行结果如图 16-9 所示。

1+2+3...+100=5050

图 16-9 累加和的运行结果

2. do-while 语句

用来实现"直到型"循环，即先执行循环体语句组，然后再判断循环条件，当条件成立（即表达式值为真时），接着执行循环体的内容，如此反复，直到表达式的值为假为止。其程序流程图如图 16-10 所示。

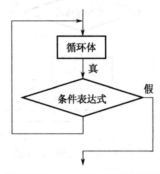

图 16-10 do-while 循环流程图

一般格式如下：

```
do
{ 循环体语句组； }
while(循环继续条件)；   /*本行的分号不能缺省*/
```

当循环体语句组仅由一条语句构成时，可以不使用复合语句形式，即不加大括号。

例 16-8 用 do-while 语句实现 1+2+…+100 的总和，代码如下。

```
<html>
<head>
<title>Hello!</title>
</head>
<body>
<script language="javascript">
var i,sum;
i=1;
```

```
sum=0;
do
 {
sum=sum+i;     sum+=i;
  i=i+1;       i++;
}while(i<=100);
document.write("1+2+3...+100=" + sum);
</script>
</body>
</html>
```

等价于

do-while 语句与 while 语句的区别在于：while 语句是先判断条件，只有条件为真时，才执行循环体；而 do-while 语句是先执行循环体，后判断条件。因此，do-while 循环至少要执行一次循环体内的语句，而 while 循环可能一次也不执行循环体内的语句。

3. for 语句

在 JavaScript 语句提供的 3 种循环语句中，for 语句最为灵活，不仅可用于循环次数已经确定的情况，也可用于循环次数虽不确定、但给出了循环继续条件的情况。for 语句的一般格式如下。

```
for(表达式1;表达式2;表达式3)
{
循环体语句组；
}
```

for 语句的执行过程如下。

① 先求表达式 1。

② 然后求表达式 2，若其值为真（非 0），则执行步骤③；否则，转至步骤④。

③ 执行循环体语句组，并求解表达式 3，然后转到步骤②。

④ 执行 for 语句的下一条语句。

例 16-9　求 1～100 的累计和，代码如下。

```
<html>
<head>
<title>Hello!</title>
</head>
<body>
<script language="javascript">
var i,sum;
i=1;
sum=0;
for(i=1;i<=100;i++)
sum=sum+i;
document.write("1+2+3...+100=" + sum);
</script>
</body>
</html>
```

程序的运行结果如图 16-9 所示。

对 for 语句的说明如下。

● 表达式 1 其实是初始化表达式，其作用是给循环变量赋初值。

● 表达式 2 是循环继续条件表达式，当表达式 2 满足时，执行 for 循环体内的语句，再执行表达式 3，然后判断循环继续条件即表达式 2；否则（不满足时），跳出 for 循环，执行 for 语句的后继语句。

● 表达式 3 是循环变量增值表达式。

其中，表达式 1 可以省去，只要在 for 语句之前给循环变量赋初值即可。但其后的分号不能省略。

```
i=1;
for(;i<=100;i++)
sum=sum+i;
```

表达式 2 若省略，就不能判断循环条件，循环将无限地进行下去。若表达式 3 省略，则应在循环体内对变量进行增值。

```
for(;i<=100;)
{ sum=sum+i;
i++;
 }
```

这同 while 循环完全等价：

```
while(i<=100)
{ sum=sum+i;
i++;
}
```

● 循环体内也可为空语句，即循环体内的语句只是一个分号。

● 在写 for 循环时，不要将与循环控制无关的内容放到 for 语句中，如：

```
for(sum=0,n=1;n<=100;n++)
{…}
```

当然这在语法上没有任何问题，但我们在写程序时尽量不要让与循环控制无关的内容（如 sum=0）出现在 for 语句中。

例 16-10 JavaScript 的 for 循环实例，代码如下。

```
<html>
<head>
<title>For 语句循环</title>
</head>
<body>
<script language="javascript">
var i=1
for(i=1;i<=4;i++){
    document.write("<font size=" +i+">欢迎学习 JavaScript!</font><br>");
  }
</script>
</body>
</html>
```

程序的运行结果如图 16-11 所示。

图 16-11　使用 for 循环的实例结果

16.3.3　其他语句

1. for-in 语句

for-in 语句是在对象上的一种应用，用于循环访问一个对象的所有属性。for-in 语句的格式如下。

```
for (变量 in 对象)
{
代码块;
}
```

例如，列举 document 对象的所有属性并显示出来。

```
for(var i in document)
 {
document.write(i+"<br>");
}
```

2. with 语句

with 语句用来声明代码块中的默认对象，为一个或一组语句指定默认对象。代码块可以直接使用 with 语句声明的对象的属性和方法，而不必写出其完整的引用，格式如下。

```
with 对象名
{
代码块;
}
```

例如，应用 document 对象的 write 方法的完整写法是 window.document.write()，若使用 with 语句，可写成如下形式：

```
with window.document
{
write("welcome!");
}
```

16.4 函数

解决复杂问题时（较大的程序）一般分为若干个程序模块，每一个模块用来实现一个特定的功能。在 JavaScript 语言中，模块是用函数来表示的。有时也将常用的功能模块编写成函数，然后在程序中反复调用这些函数，以减少重复写程序的工作量。

同 VBScript 脚本语言不同的是，JavaScript 不区分函数和过程，它只有函数。函数可以有返回值，也可以没有。

16.4.1 函数的定义

使用函数前，要先定义才能调用，一般格式如下。

```
function 函数名([参数 1, 参数 2,…])
{
代码块;
[return 返回值;]
}
```

说明：

- function 是关键字，不能省略。
- 函数名最好做到"见名知义"，区分大小写。
- 函数可以无参数，也可以有参数，当参数有多个时，参数间用逗号隔开。
- 若函数有返回值，则使用关键字 return 将值返回给调用函数的语句。

下面通过一个例子介绍最简单的函数，该函数既无参数，又没有返回值。

例 16-11 一个简单函数的使用，代码如下。

```
<html>
<head>
<title>最简单函数</title>
</head>
<body>
<script language="javascript">
function output()
{
document.write("Hello!欢迎学习 JavaScript!");
}
</script>
<form>
<input name="button" type="button" onclick="output()" value="运行程序">
</form>
</body>
</html>
```

运行该程序的结果如图 16-12 左边所示，单击"运行程序"按钮后，页面显示如图 16-12 右边所示。

图 16-12　第一个函数实例

注意:

① 例 16-11 中 JavaScript 采用的是面向对象、事件驱动编程机制。当单击"运行程序"这个命令按钮对象后，激活相应的命令处理程序，即调用无参函数 output()，具体语句为: onclick= " output() " 。

② 函数中的输出语句: document.write(" Hello!欢迎学习 JavaScript! "); 也可替换成: alert(" Hello!欢迎学习 JavaScript! ");。

更改后的程序显示结果如图 16-13 所示。可见，前者的信息是显示在原来的页面上，而 alert 是在原来的页面上弹出新窗口显示信息。关于 alert 参见 17.1.3 节中的相关内容。

图 16-13　用 alert 输出的效果

16.4.2　函数的参数与返回值

从参数这个角度来定义函数的话，函数分别为有参函数和无参函数；从函数有没有返回值的角度来看，函数也可分为有返回值的函数和无返回值的函数。例 16-11 所定义的 output 函数既是无参函数，又是无返回值的函数。

1. 函数的参数

参数是向函数内部传递数据的桥梁。在 JavaScript 中，可以在函数定义时确定参数，称为形式参数（简称形参），而真正的参数值（称为实际参数，简称实参）是在该函数被调用时，由主调方传递给所定义的函数，从而实现调用函数向被调用函数的数据传送。

例 16-12　利用函数参数的传递求两个整数中的最大数，代码如下。

```html
<html>
<head>
<title>函数的参数传递</title>
<script language="javascript">
var i,j;
function max(a,b)
{if(a>b)
  alert("较大数是: " + a);
else
  alert("较大数是: " + b);
}
i=56;
j=90;
max(i,j);
</script>
</head>
<body>
</body>
</html>
```

程序的运行结果如图 16-14 所示。

图 16-14 两个数求最大数的结果

说明：文件中的 max(i,j); 是调用函数语句，用来调用所定义的 max 函数，并将实数 i 和 j 分别传递给形参 a 和 b。这种函数调用方式是把函数调用作为一条语句来实现的。实际上还有其他的函数调用方式，如例 6-13 所示。

2．函数的返回值

有时函数需要有返回值，返回给调用的地方。可以使用 return 语句，将要返回的值放在 return 后，可以是常量、变量或表达式。

例 16-13　将例 16-12 改成有返回值的函数，代码如下。

```
<html>
<head>
<title>函数的参数传递</title>
<script language="javascript">
function max(a,b)
{ var m;
if(a>b)
 m=a;
else
 m=b;
return m;
}
</script>
</head>
<body>
<script language="javascript">
var i,j,k;
i=56;
j=90;
k=max(i,j);
document.write("两个数中的较大数是:" + k);
</script>
</body>
</html>
```

程序运行结果如图 16-15 所示。

两个数中的较大数是:90

图 16-15　带返回值的函数

说明：

● 文件中灰色的调用函数语句部分也可直接放在函数定义的下方，即标签 <head>/<head>部分，如例 16-12 所示。

● 例 6-13 中，函数调用方式是以赋值表达式的形式出现的，即作为赋值号右边的值赋给左边的变量 *k*。也可简化为 document.write("两个数中的较大数是:" + max(i,j)); ，此时就不需要定义变量 *k*。

3. 综合小实例——修改密码

针对函数的应用，举一个综合案例，实现旧密码的更改功能。

例 6-14　用户密码的修改，代码如下。

```
<html>
<head>
<title>用户密码修改</title>
<script language="javascript">
  function rec(form)
  {
   var a=form.text1.value;    //旧密码
   var b=form.textf.value;    //新密码
   var c=form.texts.value;    //确认密码
   if(c==b)
      alert("恭喜您 修改成功！");
   else
      alert("对不起 密码与确认码不一致！");
  }
   function re(form)
   {
     form.text1.value="";
     form.textf.value="";
     form.texts.value="";
   }
</script>
</head>
<body>
<form>
  <table width="321" border="1">
    <tr>
      <td colspan="3">用户密码修改</td>
    </tr>
    <tr>
      <td width="1"> </td>
      <td width="119">旧密码：</td>
      <td width="179"><input type="password" name="text1"></td>
    </tr>
    <tr>
      <td> </td>
      <td>新密码：</td>
      <td><input type="password" name="textf"></td>
    </tr>
    <tr>
      <td> </td>
      <td>重新输入密码：</td>
      <td><input type="password" name="texts"></td>
    </tr>
    <tr>
      <td> </td>
        <td><input  type="button"  name="button"  value="提交" onclick="rec(this.
form)">
```

```
        </td>
          <td><input  type="reset"  name="reset"  value="重置"  onclick="re(this.
form)">
        </td>
    </tr>
    </table>
    </form>
    </body>
    </html>
```

程序运行结果如图 16-16 所示。

说明：onclick= " rec（this.form） " 中的 this 就是当前对象，也就是调用函数的对象即表单 form，实现了将表单中填的数据传递给函数 rec。

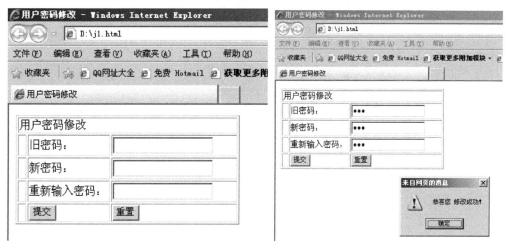

图 16-16　修改密码成功后的运行结果

 习题

1. 选择题

① 关于 JavaScript 的说法错误的是（　　　）。

A．它是一种脚本编写语言　　　　　　B．它是面向结构的

C．它具有跨平台性　　　　　　　　　D．它是基于对象的

② JavaScript 的声明是使用（　　）标记。

A．slide　　　　　　B．scroll　　　　　　C．include　　　　　　D.script

③ 下列运算符不属于 JavaScipt 的逻辑运算符的是（　　　）。

A．&&　　　　　　　B．‖　　　　　　　C．!　　　　　　　　D．%

④ 下面哪个条件语句（当 i 等于 8 时执行某些语句的条件语句）是正确的（　　　）。

A．if（i==8）　　　B．if i=8 then　　　C．if i=8　　　　　　D．if i==8 then

269

2. 上机题

① 利用 JavaScript 编程，计算并输出 100～999 间的水仙花数（水仙花数是指该数各数位的立方和与该数值相等）。

② 编写程序，在浏览器中输出 1～999 中能被 3 整除，且至少有一位数字是 5 的所有整数。

③ 根据输入的数字来判断是星期几并输出，如输入的数为 1，则输出"星期一"（用 switch 语句完成）。

第 17 章

JavaScript 的对象和事件

JavaScript 语言是基于对象（Object-based）的，并不是真正面向对象的程序设计语言，因为它不具有面向对象的程序设计语言的全部特征，如继承、封装、多态性等，但有面向对象的编程必须有事件的驱动，才能执行程序的特点，并且它还具有一些面向对象的基本特征。它提供一些内置对象，可以根据需要创建自己的对象，从而进一步扩大 JavaScript 的应用范围，增强编写功能强大的 Web 程序。故 JavaScript 采用的是基于对象、事件驱动编程机制。

17.1 JavaScript 的对象

JavaScript 语言同 VBScript 语言一样，均是基于对象（Object-based）的程序设计语言，采用的也是面向对象、事件驱动的编程机制。

17.1.1 JavaScript 对象

JavaScript 的基于对象的编程就是将编程中所涉及的成分划分为各种对象（对象下面还可继续划分为更小的对象），是以对象为出发点，小到一个标签，大到网页文档、窗口甚至屏幕，都是对象。每一个 HTML 文档都以浏览器为执行环境，把自身作为一个 Document 文档对象，在浏览器对象 Window 中执行所有代码。

对象是属性和方法的集合。对象是可以从 JavaScript 代码中划分出来的一部分，如一幅图片、一个表单（Form）等。每个对象具有属性（Properities）、方法（Methods）和事件（Event）。对象的属性反映该对象的特定性质，如按钮（Button）的名字（Name）、值（Value）等都是按钮这个对象的属性；对象的方法能对该对象实施特定操作，如表单的"提交"（Submit）等；而对象的事件能响应发生在对象上的事情，如按钮对象的单击事件（onClick）。但不是所有的对象都必须有以上 3 个性质，可以没有事件或属性。

JavaScript 的对象包含以下 3 种。

① JavaScript 的内置对象。JavaScript 已定义一些对象用于处理数据，包括数学（Math）对象、字符串（String）对象、数组（Array）对象等。

② 浏览器内置对象。不同的浏览器提供了一组描述其浏览器结构的内置对象。

③ 自行创建的对象。JavaScript 提供了自定义对象的方法，其中包括定义对象的属性和方法。

17.1.2 JavaScript 的内置对象和函数

JavaScript 脚本语言提供了一些内置对象，利用这些对象及对象的属性和方法更好地实现相关功能，提高开发程序的效率。表 17-1 为内置对象常用的属性和方法。

表 17-1 常用内置对象的属性和方法

对　　象	属性/方法	说　　明
Date	getYear()	获取当前的年份
	getMonth()	获取当前的月份
	getDate()	获取当前的日期
	getDay()	获取当前的日期是当周的第几天
	getHours()	获取当前的小时
	getMinutes()	获取当前的分钟
	getSeconds()	获取当前的秒

对　　象	属性/方法	说　　明
Date	setYear（年份）	设置当前的年份
	setMonth（月份）	设置当前的月份
	setDate（日期）	设置当前的日期
	setHours（小时）	设置当前的小时
	setMinutes（分钟）	设置当前的分钟
	setSeconds（秒）	设置当前的秒
	setTime（毫秒）	设置当前的时间（单位是毫秒）
String	length 属性	求字符串的长度
	charAt（位置）	字符对象在指定位置处的字符
	indexOf（要查找的字符串）	要查找的字符串在字串对象中的位置
	subStr()开始位置[,长度]	求子串
	toLowerCase()	变为小写字母
	toUpperCase()	变为大写字母
Math	abs(x)	返回 x 的绝对值
	acos(x)	返回 x 的反余弦值
	max(x,y)	返回两数间的较大值
	exp(x)	返回 e 的 x 次方
	sqrt(x)	返回 x 的平方根
	random()	返回 0 和 1 之间的一个随机数
Array	push(元素 1,元素 2,...)	添加元素，返回数组的长度
	reverse()	倒序数组

说明：由于有的内置对象有较多的方法或属性，本书不一一列出，需要时查阅相关书籍。

1. 使用对象的属性和方法

JavaScript 内置对象的属性和方法和其他面向对象的编程语言的调用方式相同，格式如下。

```
对象名．属性名称
对象名．方法名称（参数）
```

均可通过圆点运算符（.）得到对象的属性和方法。

下面的程序以 Date 对象为例，简单说明如何使用这些内置对象。

例 17-1　利用 Date 对象进行报时，代码如下。

```
<html>
<head>
<title>使用 Date 对象的实例</title>
<script language="javascript">
function thistime()
{ var d=new Date();
var hours,minutes,seconds;
hours=d.getHours();
minutes=d.getMinutes();
```

```
seconds=d.getSeconds();
alert("目前的时间是: " +hours + "点"+minutes+"分"+seconds+"秒");
}
</script>
</head>
<body>
<p>请报时: </p>
<input type="button" value="报时" Onclick="thistime()">
</body>
```

程序的运行结果如图 17-1 所示。

图 17-1　利用 Date 对象报时

说明:

① var d=new Date(); 语句用来创建一个已有 Date()对象的实例。通过建立的已知对象的实例，再通过此对象实例去访问已知对象的属性或方法。

② 对象与对象实例不一样。如汽车是对象，而奥迪、伊兰特等则是对象实例，它们都具有颜色、制造厂商、型号等属性，但这些属性可能有不同值，换句话说，同一个对象可能因不同的属性值，而有不同的对象实例。

例 17-2　String 对象的应用。用 String 对象有关字符串的显示方法在网页上显示不同的字符串，代码如下。

```
<html>
<head>
<title>使用 String 对象的实例</title>
<script language="javascript">
var str="This is a test!"
document.write("---big:" + str.big() + "---" + "<br>");
document.write("---normal:" + str + "---" + "<br>");
document.write("---small:" + str.small() + "---" + "<br>");
document.write("---bold:" + str.bold() + "---" + "<br>");
document.write("---fontcolor:" + str.fontcolor("blue") + "---" + "<br>");
document.write("---fontsize:" + str.fontsize(20) + "---" + "<br>");
document.write("---italics:" + str.italics() + "---" + "<br>");
document.write("---strike:" + str.strike() + "---" + "<br>");
document.write("---sub:" +"O"+"2".sub() + "---" + "<br>");
```

```
document.write("---sup:" +"a"+"2". sup() +"b"+"2".sup()+ "---" + "<br>");
</script>
</head>
<body>
</body>
</html>
```

程序的运行结果如图 17-2 所示。

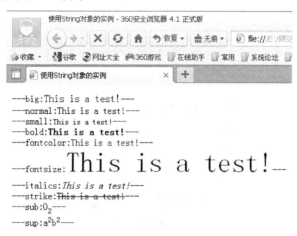

图 17-2　String 对象的应用

说明：

字符串对象（String，简称字串对象）是常用的对象，使用该对象时，并不需要用关键字 new。任何一个变量，如果它的值是字符串，那么该变量就是一个字符串对象。例如，下面两种方法产生的字串变量效果是一样的。

```
var str="This is a test!"
var str=new String("This is a test!");
```

例 17-3　数学（Math）对象的应用。利用 Math 对象的产生随机数的方法产生 low~high 之间的随机数，其中 low<high，代码如下。

```
<html>
<head>
<title>使用 Math 对象的实例</title>
<script language="javascript">
function randomnum(form)
{
var h,L,i;
h=parseInt(form.high.value);
L=parseInt(form.low.value);
i=Math.floor(Math.random()*(h-L+1))+L;
alert("随机产生的数为:" + i);
}
</script>
</head>
<body>
<p>请输入随机产生的数的下限和上限：</p>
```

```
<form>
下限: <input type="text" name="low"><br>
上限: <input type="text" name="high"><br>
<input type="button" name="button" onclick="randomnum(this.form)" value=   "求
随机数">
</form>
</body>
</html>
```

程序的运行结果如图 17-3 所示。

图 17-3　产生随机数的结果

说明:

JavaScript 的数学对象 Math 提供了大量的数学常数和数学函数,使用时不需要用关键字
new,而可以直接使用 Math 对象。

● onclick="randomnum(this.form)" 中的 this 就是当前对象,也就是调用函数的对象即
表单 form,实现了将表单中填的数据传递给函数 randomnum。

● h=parseInt(form.high.value); 中的 form.high.value 获取名为 high 单文本框中的值,利
用 JavaScript 的内置函数 parseInt()转化为整数。h 变量代表上限的值。同理,语句
L=parseInt(form.low.value); 获取了下限的值。

● 利用 Math 对象的 random()方法产生一个 0~1 之间的随机数,Math 对象的 floor(x)
方法是用来返回与 x 相等或小于 x 的最小整数。

● 产生 n1~n2 之间的随机数可用以下公式:

```
Math.floor(Math.random()*(n2-n1+1))+n1
```

程序中如果去掉函数 parseInt,试想得到的随机数是否正确?

提示:alert (" 随机产生的数为: " ＋ Math.floor(Math.random()*(h-L+1))+L);

第一个 "+" 是连接符号,+L 中的 "+" 本应是算术符号,但在此时变成了连接符号。

this 对象返回 "当前" 对象。在不同的地方,this 代表不同的对象。如果在 JavaScript
的"主程序"中(不在任何 function 中,不在任何事件处理程序中)使用 this,它就代表 window

对象；如果在 with 语句块中使用 this，它就代表 with 所指定的对象；如果在事件处理程序中使用 this，它就代表发生事件的对象。

2. 数组（Array）对象

同其他计算机语言一样，JavaScript 也使用数组 Array 来保存具有相同类型的数据。例如，一个班的学生成绩需要用数组来保存每个学生的成绩。实际上，JavaScript 的数组就是一种 JavaScript 对象，也具有相应的属性和方法。

（1）数组的定义

数组在使用前，需用关键字 new 新建一个数组对象，具体格式如下。

```
var 变量名（或数组名）=new Array();
```

例如：

```
var myarray=new Array();        //新建一个长度为零的数组
var myarray=new Array(3);       //新建一个长度为 3 的数组
var country=new Array("China","Jpan","England");
```

新建一个指定长度的数组，并给数组赋初值。数组元素的下标从 0 开始，即 country 数组的 3 个元素分别为

```
country[0]= "China";country[1]="Jpan";country[2]="England";
```

（2）Array 对象的属性

数组对象的一个主要属性是 length，用来获取数组的长度，即数组中元素的个数。

（3）Array 对象的方法

① reverse()：将整个数组中的元素倒序，即第一个元素与最后一个元素互换，第二个和倒数第二个互换，依次类推。例如：

```
var m=new Array(12,23,8);
var n=m.reverse( );        //n 数组元素的值分别为：8,23,12
```

② concat(数组 1,数组 2,…,数组 n)：将 n 个数组合并到一个数组中。例如：

```
var i=new Array(1,2,3);
var j=new Array(10,23);
var c=i.concat(j); //将 i 与 j 两个数组合并成一个新数组 c，c 的值为 1,2,3,10,23
```

③ toString()：该方法将数组元素连接成字符串，并用逗号隔开。

例 17-4　Array 对象 toString()方法的使用，代码如下。

```
<html>
<head>
<title>Array 对象的 toString 方法</title>
</head>
<body>
<script  language="javascript">
var m=new Array(3,6,7);
    document.write(m.toString());
</script>
```

```
</body>
</html>
```

程序运行结果如图 17-4 所示。

```
3, 6, 7
```

图 17-4　toString 方法的运行结果

④ join（[分隔符]）：将数组元素连接成字符串，并用分隔符分开，省略分隔符则默认为逗号。例如：

```
var word=new Array("hello", " world");
word.join("*")   //结果为 hello* world
```

⑤ slice（起始位置，结束位置）：从起始位置到结束位置截取数组，注意是截取到结束位置的前一位，且截取后的元素之间用逗号隔开。数组下标从 0 开始。例如：

```
var a=new Array("he","al","cd","ef","ph");
document.write(a.slice(1,4));   //输出的结果为 al,cd,ef
```

若结束位置大于数组元素的个数，则截取到最后一个元素。例如：

```
var a=new Array(23,12,34,67,90);
document.write(a.slice(1,7));   //输出结果为：12,34,67,90
```

3．内置函数

JavaScript 脚本语言除了提供内置的对象外，还提供一些函数供使用者调用，这类函数称为系统函数，以便区别于用户定义的用户函数。如例 17-3 用到了 parseInt()函数。下面对这些函数进行简单的介绍。

① escape()：对字符串进行编码，用十六进制表示。多用于服务器端的脚本。

② unescape()：与 escape()功能相反，对字符串进行十六进制解码，多用于服务器端的脚本。

③ eval()：将字符串转换为实际代表的语句或运算。例如：

```
str="document.write("hello!")";
eval(str);       //在浏览器中显示"hello!"
```

④ parseInt()：将其他类型的数据转换成整数。例如：

```
var a=parseInt(3.14);   //a 的值为 3
```

⑤ parseFloat()：与 parseInt()类似，此函数用于将其他类型的数据转换成浮点数。

⑥ isNaN()：NaN 的意思是 Not a Number，此函数用来判断一个表达式是否是数值。如果表达式不是数值，则函数返回 True；如果表达式是数值，则函数返回 False。例如：

```
document.write(isNaN("4.56"));        //输出结果为 False
document.write(isNaN("Hello!"));      //输出结果为 True
```

17.1.3　浏览器内部对象

JavaScript 除了可以访问本身内置的各种对象外，还可以访问浏览器提供的对象，通过对这些对象的访问，可以得到当前网页及浏览器本身的一些信息，并能完成有关的操作。

浏览器窗口与网页之间、网页与网页各组成部分之间是一种从属关系，浏览器对象的层次结构如图 17-5 所示（该图给出部分对象的关系）。

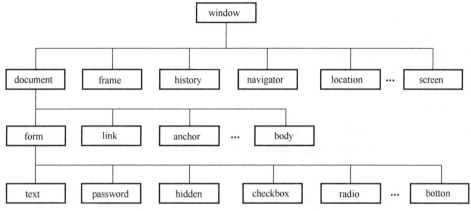

图 17-5　浏览器对象的层次结构

在该层次结构中，最高层的对象是窗口对象（window），它代表当前的浏览器窗口；之下是文档（document）、框架（frame）、历史（history）、地址（location）、浏览器（navigator）和屏幕（screen）对象；在文档对象之下包括表单（form）、图像（image）和链接（1ink）等多种对象；在浏览器对象之下包括 MIME 类型对象（mimeType）和插件（plugin）对象；在表单对象之下还包括按钮（button）、复选框（checkbox）、文本框（text）等多种对象。

了解浏览器对象的层次结构之后，就可以用特定的方法引用这些对象了，以便在脚本中正确地使用它们。如图 17-6 所示为以 IE 打开的 google 网页为例说明浏览器对象的具体示例。

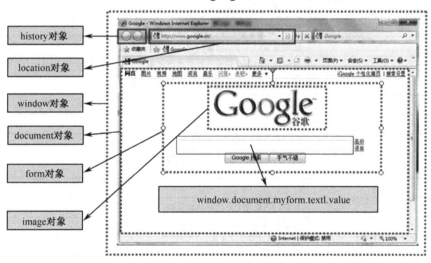

图 17-6　网页的对象模型

1. window 对象

window 对象是最高层，表示一个浏览器窗口或一个框架，只要打开浏览器窗口，不管该窗口中是否有打开的网页，当遇到 body、frameset 或 frame 元素时，都会自动建立 window 对象的实例，另外，该对象的实例也可由 window.open()方法创建。由于 window 对象是其他浏览器对象的共同祖先，访问其内部的其他对象时，window 可以省略。其格式如下：

```
window.子对象1.子对象2.属性名或方法名
```

例如：

```
window.document.login.username.value="user";
```

可以简写为：

```
document.login.username.value="user";
window.document.write()
```

简写成：

```
document.write()
```

由于不同的浏览器定义的窗口对象的属性和方法有差异，表 17-2、表 17-3、表 17-4 仅列出各种浏览器最常用的窗口对象的属性、方法和事件。

表 17-2　window 对象常用的属性

属　　性	描　　述
document	提供窗口的文档对象引用（文档对象）
location	提供文档的 URL（网址）（位置对象）
navigator	提供窗口的浏览器对象引用（浏览器信息对象）
history	提供窗口的历史对象引用（历史对象）
screen	提供窗口的屏幕对象引用（屏幕对象）
frames	提供窗口的框架对象引用（框架对象）
status	设置或给出浏览器窗口中底部状态栏的显示信息
defaultStatus	浏览器窗口中底部状态栏中的默认信息
name	指定窗口或帧的名称
event	提供窗口的事件对象引用
parent	返回父窗口，即当前窗口的上一级窗口对象
top	返回最上层窗口对象，即最顶层对象
self	提供引用当前窗口或帧的办法，即表示窗口本身的对象
closed	判断窗口是否关闭，返回布尔值。True 表示窗口关闭，否则为 False
opener	open 方法打开的窗口的源窗口

表 17-3　window 对象常用的方法

方　　法	描　　述
alert（信息字符串）	显示带消息和 OK 按钮的对话框
confirm（信息字串）	显示带消息和 OK 按钮及 Cancel 按钮的确认对话框
prompt（提示字串[默认值]）	显示带消息和输入字段的提示对话框

续表

方　　法	描　　述
focus()	使控件取得焦点并执行由 onFocus 事件指定的代码
blur()	使对象失去焦点并激活 onBlur 事件
open（URL,窗口名[,窗口规格]）	打开新窗口并装入指定 URL 文档
scroll（x 坐标，y 坐标）	窗口滚动到指定的坐标位置
setInterval（函数，毫秒）	每隔指定毫秒时间执行调用一下函数
setTimeout（函数，毫秒）	指定毫秒时间后调用函数
clearTimeout（定时器对象）	取消由 setTimeout 设置的超时
close()	关闭当前浏览器窗口
stop()	停止加载网页
moveTo（x 坐标，y 坐标）	将窗口移动到设置的位置
moveBy（水平像素值，垂直像素值）	按设置的值相对地移动窗口
resizeTo（宽度像素值，高度像素值）	把窗口的大小调整到指定的宽度和高度
resizeBy（宽度像素值，高度像素值）	相对调整窗口大小

表 17-4　window 对象常用的事件

事　　件	描述（即事件何时被激活）
onLoad	加载页面时调用相应的事件
onUnload	卸载页面时调用相应的事件
onResize	用户调整窗口尺寸时发生
onScroll	用户滚动窗口时发生
onBlur	窗口对象失去焦点时发生
onError	装入文档或图形发生错误时发生
onFocus	窗口对象取得焦点时发生
onHelp	用户按 F1 键或单击浏览器 Help 按钮时发生

说明：window 对象提供了一些方法，可分为以下几类。

（1）与用户交互的方法

提供了 3 种对话框的方法，分别如下。

① alert 方法：用于显示信息框或警告框。警告框用来把警告、错误或提示信息显示给用户，警告框通常只有一个"确定"按钮。显示警告框的格式如下。

```
window.alert(string);
```

string 参数是警告框显示的内容。

例如，弹出一个欢迎信息框可以写成：

```
<body onload="alert('欢迎光临!')">
</body>
```

② confirm 方法：window 对象的 confirm 方法可以显示一个确认框，把提示信息显示给用户，确认框有"确定"按钮和"取消"按钮。如果用户单击"确定"按钮，那么 confirm 方法返回 True，否则返回 False。

显示确认框的格式如下。

```
window.confirm(string);
```

其中，string 参数是确认框显示的内容。

例如，在访问某个网站前要求用户确认：

```
<a href="http://www.sina.com.cn" onclick="vbscript:return confirm('你确定访问新
浪网吗')">新浪网</a>
```

③ prompt 方法：用来产生输入框。输入框用来接收来自用户的输入。显示输入框的格式如下。

```
window.prompt([message],[defstr]);
```

其中，message 参数显示输入框中提示信息，defstr 参数设置显示在输入框的默认信息。作用类似 InputBox 函数。

（2）与窗口有关的方法

● window.open(URL,窗口名称,窗口风格)：open 方法用于打开一个新的浏览器窗口，并在新窗口中装入一个指定的 URL 地址；URL 即为需在新窗口中打开的页面 URL 地址；窗口风格参数有很多选项，如果多选，各选项之间用逗号隔开。

● Close()：该方法用于关闭一个窗口。

● Blur()：该方法用于将焦点移出所在窗口。

● Focus()：该方法用于使所在窗口获得焦点。

● moveTo(x,y)：将窗口移动到指定的坐标(x, y)处。

● moveBy(x,y)：按照给定像素参数移动指定窗口，第 1 个参数是水平移动的参数，第 2 个参数是垂直移动的参数。

● resizeTo(x,y)：将当前窗口大小改变成(x, y)，x 和 y 分别为宽度和高度。

● resizeBy(x,y)：将当前窗口改变指定的大小(x, y)，x 和 y 的值大于 0 时为扩大，小于 0 时为缩小。

（3）与时间有关的方法

① setTimeout(代码字符表达式或函数, 毫秒数)：定时设置，即用来设置一个计时器，当到了指定的毫秒数后，自动执行代码字符表达式。例如，打开窗口 3s 后调用 MyProc 过程：

```
TID=Window.SetTimout("MyProc", 3000)
```

② setInterval(代码字符表达式或函数, 毫秒数)：设定一个时间间隔后，反复执行"代码字符表达式"的内容。

③ clearTimeout(定时器对象)：用于将指定的计时器复位。

window 对象提供了较多的方法，下面通过例子简单介绍这几种方法的使用。

例 17-5　利用 setTimeout 方法创建定时闹钟程序，代码如下。

```
<html>
<head>
<title>时钟</title>
<script language="JavaScript">
var timer;
function begin()
```

```
{
var timestr="";
    var now=new Date();       //创建 Date()对象
var hours=now.getHours();
var minutes=now.getMinutes();
var seconds=now.getSeconds();
timestr+=hours;
    timestr+=((minutes<10)? ":0" : ":")+minutes;
    timestr+=((seconds<10)? ":0" : ":")+seconds;   //当前的时间存放在变量 timestr 里
    window.document.frmclock.ttime.value=timestr;//给当前时间的文本框赋值
if (window.document.frmclock.settime.value==timestr)
window.alert("起床啦！");
timer=setTimeout('begin()',1000);       //设置定时器
}
function stopit()  {clearTimeout(timer);}//清除定时器
</script>
</head>


<body>
<form action="" method="post" name="frmclock">
<p>
当前时间:
<input name="ttime" type="text">
</p>
<p>设定闹钟:
<input name="settime" type="text">
</p>
<p>
<input type="button" name="start" value="启动时钟" onclick="begin()">
<input type="button" name="stop" value="停止时钟" onclick="stopit()">
</p>
</form>
</body>
</html>
```

程序的运行结果如图 17-7 所示。

图 17-7　设置闹钟的显示效果

例 17-6　window 对象 open 方法的使用，代码如下。

```
<head>
<title>无标题文档</title>
<script language="javascript">
function openwin(url)
{
var newwin=window.open
(url,"winname","toolbar=no,directories=no,menubar=no,scrollbars=yes, resizable=no,
width=500,height=360");
newwin.focus();
return(newwin);
}
</script>
</head>
<body>
<a href="#" onClick="openwin('autor.html')">作者简介</a>
</body>
```

说明：灰底部分的 JavaScript 代码按照设置的要求打开一个浏览器窗口。若要打开全屏幕窗口，也可写成如下形式：

```
window.open(url, "","fullscreen");
```

例 17-7　利用 window 对象的 moveTo 方法实现窗口移动的效果。

文件名：7-21.html，代码如下。

```
<html>
<head>
<title>关闭窗口</title>
<script language="JavaScript">
    window.setTimeout('window.close()',5000);　//设置定时器
</script>
</head>
<body>
<center><h3>通知</h3></center>
5 秒钟以后，这个窗口会自动关闭!
</body>
```

文件名：7-22.html，代码如下。

```
<html>
<head>
<title>移动窗口</title>
<script>
var x = 0, y = 0, w=200, h=200;
var dx = 5, dy = 5;
var interval = 100;
var win = window.open('7-21.html', "", "width=" + w + ",height=" + h);
win.moveTo(x,y);
var intervalID = window.setInterval("bounce()", interval); //设置定时器
function bounce()
{
```

```
if (win.closed)
{
    clearInterval(intervalID);    //取消定时器
return;
}
if ((x+dx > (screen.availWidth - w)) || (x+dx < 0))dx = -dx;
if ((y+dy > (screen.availHeight - h)) || (y+dy < 0)) dy = -dy;
x += dx;
y += dy;
win.moveTo(x,y);
}
</script>
</head>
<body>
<form>
<input type="button" value="Stop" >
</form>
</body>
```

程序的运行结果如图 17-8 所示。

图 17-8　movTo 实现窗口移动的效果

2. document 对象

document 对象是 window 对象的子对象，代表当前网页，即当前显示的文档。每个 HTML 文档会自动建立一个文档对象，使用它可以访问到文档中的所有其他对象（如图像、表单等），因此该对象是实现各种文档功能的最基本对象。

表 17-5、表 17-6、表 17-7 列出 document 对象常用的属性、方法及事件。

表 17-5　document 对象常用的属性

序　　号	属　　性	描　　述
1	fgcolor	设置或返回文档中文本的颜色
2	bgcolor	表示文档的背景颜色
3	linkcolor	设置或返回文档中超链接的颜色
4	Alinkcolor	设置或返回文档中活动链接的颜色
5	vlinkcolor	设置或返回已经访问过的超链接的颜色
6	title	表示文档的标题

序　　号	属　　性	描　　述
7	lastModified	文件最后修改时间
8	Location	用来设置或返回文档的 URL
9	Referrer	用于返回链接到当前页面的那个页面的 URL
10	FileCreatedDate	文件的建立日期
11	FileModifiedDate	文件的最近被修改日期
12	FileSize	文件的大小
13	ALL	所有标记和对象
14	form Name	以表单名称表示所有表单
15	forms 集合	表示文档中所有表单的数组或以数组索引值表示所有表单
16	links	以数组索引值表示所有超链接
17	images	以数组索引值表示所有图像
18	layers	以数组索引值表示所有 layer
19	applets	以数组索引值表示所有 applet
20	Anchors	以数组索引值表示文档中的锚点，即用来表示文档中的锚点，每个锚都被存储在 Anchors 数组中
21	Stylesheets	所有样式属性对象
22	domain	指定网页（服务器）的域名
23	cookie	可以设置用户的 Cookie，即记录用户操作状态的信息

表 17-6　document 对象常用的方法

方　　法	描　　述
write()	向网页中输出 HTML 内容
writeLn()	与 write()类似，不同的是 wiiteLn 在内容末尾添加一个换行符
open()	打开用于 write 的输出流
close()	关闭用于 write 的输出流
clear()	用来清除当前文档的内容
getElementsByName(name)	获得指定 name 值的对象
getElementById(id)	获得指定 id 值的对象
createElement(tag)	创建一个 html 标签对象

表 17-7　document 对象常用的事件

事　　件	描述（即事件何时被激活）
onClick	单击鼠标
onDbClick	双击鼠标
onMouseDown	按下鼠标左键
onMouseUp	放开鼠标左键
onMouseOver	鼠标移到对象上
onMouseOut	鼠标离开对象
onMouseMove	移动鼠标

续表

事　件	描述（即事件何时被激活）
OnSelectStart	开始选取对象内容
onDragStart	开始以拖动方式移动选取对象内容
onKeyDown	按下键盘按键
onKeyPress	用户按下任意键时，先产生 KeyDown 事件。若用户一直按住按键，则产生连续的 KeyPress 事件

说明：document 对象的属性较多，可分为以下几类。

序号为 1～5 是与颜色有关的属性；6～12 是与 HTML 文件有关的属性；13～21 是对象属性；22～23 是其他属性。其中的对象属性是指属性的值是个对象，而这个对象本身又可以有自己的属性。如常用的表单对象：

- form 对象：表单对象，即网页中出现的表单，其名称为定义时设置的表单名。一个页面上可以有多个表单，这些表单通过表单名予以区分。form 对象的 length 属性值为该表单中元素的个数。

- forms 集合：网页上所有表单的集合。网页上的表单既可以通过表单名来访问，也可以通过 document 中的 forms 集合来访问，即通过数组索引值（下标值）表示表单。如网页中的第一个表单为 document.forms[0]。

例 17-8　依次显示 HTML 文件中的各个标记，代码如下。

```
<html>
<head><title>显示文件中的各个标记</title>
<style>
body {font-size:18px;}
</style>
</head>
<body topmargin=20>
<H2>依次显示文件中的各个标记</H2><HR>
<script language="javascript">
var i,j;
j= document.all.length-1;
document.write("<BR>");
for(i=0;i<=j;i++)
    document.write("  " + document.all(i).tagName + "<BR>");
</script>
</body>
</html>
```

说明：灰底部分的<style>标签对中定义了一个 CSS 样式，即页面主体部分的文字大小为 18 像素。其中 document.all.length、document.all(i).tagName 中的 length、tagName 均为 document 的对象属性 ALL 对象的属性。

例 17-9　document 对象的应用举例，代码如下。

```
<html>
<head>
<script language=JavaScript>
  var gox=1;
```

```
   var goy=1;
   function move()
   {var w=window.document.body.offsetWidth;
var h=window.document.body.offsetHeight;
var speedx=20;
var speedy=Math.tan(Math.PI/4)*speedx;
var x=document.getElementById("Layer1").style.left;
var y=document.getElementById("Layer1").style.top;
if(parseInt(x)+350>w||parseInt(x)<0)
  gox=-gox ;
  if(parseInt(y)+300>w||parseInt(y)<0)
goy=-goy ;
document.getElementById("Layer1").style.left= parseInt(x)+speedx*gox;
document.getElementById("Layer1").style.top= parseInt(y)+speedx*goy;
setTimeout("move()",100);
   }
</script>
</head>
<body onload="move()"><br>
<DIV id="Layer1" style="position:absolute; left:14px; top:44px; width:
180px; height:219px;z-index:1"><img src="dov1.jpg" width="180" height=
"219"></DIV><br>
<H2>随机漂浮的鸽子</H2><br>
</body>
</html>
```

程序运行结果如图 17-9 所示。

随机漂浮的鸽子

图 17-9　document 对象应用示例的效果

说明：onLoad 事件在 IE 加载给定对象后立刻发生，该事件的处理过程应在<body>标记中声明。

3. location 对象

location（网址）对象是 window 对象的子对象，是浏览器内置的一个静态的对象。它包含了窗口对象当前网页的 URL（统一资源定位器，即网址）。其常用的属性和方法见表 17-8、表 17-9。

说明：

一个完整的 URL 如下：

```
http://www.bigc.edu.cn:8080/netlab/index.asp?username=admin&pass=123#topic
```

包括以下几部分。

- 协议：URL 的起始部分，直到包含的第一个冒号，即 http:。
- 主机：www.bigc.edu.cn　本例是用域名表示主机。
- 端口：描述了服务器用于通信的通信端口，如 8080。
- 路径及文件名：　/netlab/index.asp。
- 哈希标识：描述了 URL 的锚点名称，即#后面的字符串：#topic。
- 查询字符串："?"后面的字符串，即 username=admin&pass=123#topic。

表 17-8　location 对象常用的属性

属　　性	描　　述
href	提供整个 URL，用于指定导航到的网页
hash	返回 href 中#号后面的字符串，锚点名称
host	提供 URL 的 hostname 和 port 部分
hostname	提供 URL 的 hostname 部分
pathname	提供 URL 中第三个斜杠后面的文件名或路径名
port	返回 URL 的端口号
protocol	返回表示 URL 访问方法的首字母子串即表示通信协议的字符串
search	提供完整 URL 中?号后面的查询字符串

表 17-9　location 对象常用的方法

方　　法	描　　述
reload()	重新加载即刷新前网页
replace(url)	用 url 指定的网址取代当前的网页

例 17-10　利用 location 对象求主机名。文件名为 5-22.htm，代码如下。

```
<html>
<head>
<title>Location 对象</title>
</head>
<body>
<script language="javascript">
   document.write("地址主机名:");
document.write(location.hostname);
```

```
</script>
</body>
</html>
```

程序运行结果如图 17-10 所示。

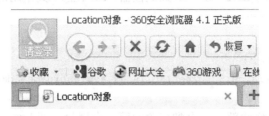

地址主机名:localhost

图 17-10　location 对象的应用效果

说明：该代码若要正常运行，需要安装 IIS，并将该文件放置在主目录下，如图 17-11 所示。单击"浏览"后才能显示如图 17-10 所示的网页效果。在地址栏输入网页文件的绝对路径，即 d:\web\5-22.html 时，不能显示出所需的结果。

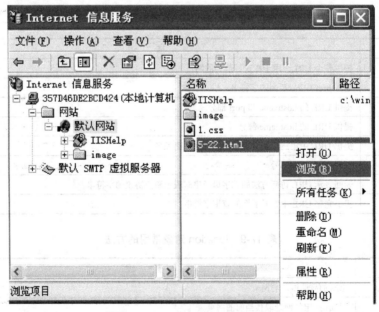

图 17-11　5-22.html 文件的运行

4．navigator 对象

navigator（浏览器信息）对象是 window 对象的子对象，保存浏览器厂家、版本和功能的信息，这些信息只能被读取而不可以被设置。该对象包括两个子对象：外挂对象（plugin）和 MIME 类型对象。其常用的属性和方法见表 17-10 和表 17-11。

表 17-10　navigator 对象常用的属性

属　　性	描　　述
appName	提供浏览器名称
appCodeName	提供浏览器的代码名即内码名称
appVersion	提供浏览器的版本号
plugins	以数组表示已安装的外挂程序
mimeType	以数组表示所支持的 MIME 类型
userAgent	作为 HTTP 协议的一部分发送的浏览器名
platform	客户端的操作系统
online	浏览器是否在线

表 17-11　navigator 对象常用的方法

方　　法	描　　述
JavaEnabled()	该方法的返回值是布尔值，可判断浏览器是否支持 Java
plugins.refresh	使新安装的插件有效，并可选重新装入已打开的包含插件的文档
preference	允许一个已标识的脚本获取并设置特定的 navigator 参数
taintEnabled	指定是否允许数据污点

　　Plugin 对象是一个安装在客户端的插件，外挂对象（navigator.plugin）的属性如表 17-12 所示。

表 17-12　外挂对象（navigator.plugin）的属性

属　　性	描　　述
description	外挂程序模块的描述
filename	外挂程序模块的文件名
length	外挂程序模块的个数
name	外挂程序模块的名称

　　例 17-11　Navigator 对象的应用，代码如下。

```
<html>
<head>
<title>Navigator 对象</title>
</head>
<body>
浏览器名称：
<script>document.write(navigator.appName)</script><br>
浏览器版本：
<script>document.write(navigator.appVersion)</script><br>
操作系统：
<script>document.write(navigator.platform)</script><br>
在线情况：
```

```
<script>document.write(navigator.onLine)</script><br>
```
是否 java 启用：
```
<script>document.write(navigator.javaEnabled())</script><br>
</body>
</html>
```

运行结果如图 17-12 所示。

浏览器名称：Microsoft Internet Explorer
浏览器版本：4.0 (compatible; MSIE 6.0; Windows NT 5.1; SV1; .NET CLR 2.0.50727; 360SE)
操作系统：Win32
在线情况：true
是否java启用：true

图 17-12　navigator 对象的效果显示

例 17-12　列出所有外挂对象（navigator.plugin），代码如下。

```
<head>
<title>navigator.plugin</title>
<script language="javascript">
<!--
var len=navigator.plugins.length;
with(document){
   write("你的浏览器共支持"+len+"种plug-in:<br>");
write("<table border>");
   write("<caption>PLUG-IN清单</caption>");
   write("<tr><th>名称</th><th>描述</th><th>文件名</th></tr>");
for(var i=0;i<len;i++)
write("<tr><td>"+i+"</td>"+"<td>"+navigator.plugins[i].name+      "</td>"+
   "<td>"+navigator.plugins[i].description+"</td>"+
   "<td>"+navigator.plugins[i].filename+"</td></tr>");
}
-->
</script>
</head>
<body>
</body>
</html>
```

程序的运行结果如图 17-13 所示。

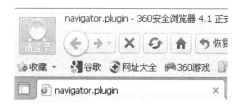

你的浏览器共支持0种plug-in：
PLUG-IN清单

| 名称 | 描述 | 文件名 |

图 17-13　外挂对象（navigator.plugin）的应用示例

说明：上述灰底的部分使用了 with 语句。看下面的例子，请注意 Math 的重复使用。

```
x = Math.cos(3 * Math.PI) + Math.sin(Math.LN10);
y = Math.tan(14 * Math.E);
```

当使用 with 语句时，代码变得更短且更易读：

```
with (Math) {
 x = cos(3 * PI) + sin(LN10);
 y = tan(14 * E);
}
```

可见，有若干语句需要使用同一个对象的属性和方法时，使用 with 语句可减少代码编写的工作量。

5．history 对象

history（历史）对象是 window 对象的子对象，保存当前对话中用户访问的 URL 信息，可以控制浏览器保存已经访问过的网页。其常用的属性和方法见表 17-13、表 17-14 所示。

表 17-13　history 对象常用的属性

属　　性	描　　述
length	提供浏览器历史清单中的项目个数，即浏览器历史列表中访问过的地址个数
current	当前历史记录的网址
next	下一个历史记录的网址
previous	上一个历史记录的网址

表 17-14　history 对象常用的方法

方　　法	描　　述
back()	回到上一个历史记录中的网址
forward()	回到下一个历史记录中的网址
go(n)或 go（网址）	显示浏览器的历史列表中第 n 个网址的网页（$n>0$ 表示前进，$n<0$ 表示后退）或前往历史记录中的网址

其中，go(–1)表示载入前一条历史记录，功能等同 back()方法；go(1)表示载入后一条历史记录，功能等同 forward()方法。

例 17-13　显示历史列表中的第一个网址的网页，代码如下。

```html
<html>
<head>
<title>history 对象的应用</title>
</head>
<body>
<a href="javascript:history.go(1-history.length)">历史列表中的第一个网址</a>
</body>
</html>
```

说明：例 17-13 中的链接总是指向历史列表中的第一个网址，通过 history.length 算出历史列表的网址个数，1-history.length 计算出历史列表中的第一个网址项。

6．screen 对象

screen（屏幕）对象是 window 对象的子对象，保存客户端显示屏幕的信息。所有的浏览器软件均支持该对象。表 17-15 列出了 screen 对象的属性。

表 17-15　screen 对象常用的属性

属　　性	描　　述
colorDepth	返回用户系统支持的最大颜色个数信息（8bit/16bit/24bit/32bit）
height	显示用户屏幕的总高度
width	显示用户屏幕的总宽度
availHeight	屏幕区域的可用高度
availWidth	屏幕区域的可用宽度
pixelDepth	提供系统每个像素占用的位数
updateInterva	保持用户机器上屏幕更新的间隔

同 navigator 对象一样，screen 对象所涉及的信息只能读取不可以被设置，使用时直接引用 screen 对象即可。

例 17-14　screen 对象的应用，代码如下。

```html
<html>
<head>
<title>screen 对象的应用</title>
<script language="javascript">
<!--
with(document){
    write("您的屏幕显示设定值如下: <p>");
    write("屏幕的实际高度为",screen.availHeight,"<br>");
    write("屏幕的实际宽度为",screen.availWidth,"<br>");
    write("屏幕的色盘深度为",screen.colorDepth,"<br>");
    write("屏幕区域的高度为",screen.height,"<br>");
    write("屏幕区域的宽度为",screen.width);
}
</script>
</head>
```

```
<body>
</body>
</html>
```

程序运行结果如图 17-14 所示。

程序运行后将当前屏幕设置的有关参数显示出来，网页开发者利用这个对象获取客户端的设置，进而控制网页以恰当的方式显示。

17.1.4　自定义对象

使用 JavaScript 可以创建自己的对象。虽然 JavaScript 内部和浏览器本身具备的各种对象的功能已十分强大，但 JavaScript 还是提供了创建一个新对象的方法。这样就能完成许多复杂的工作。

图 17-14　屏幕 screen 对象的应用

在 JavaScript 中创建一个新的对象比较简单，首先必须定义一个对象，然后为该对象创建一个实例。这个实例就是一个新对象，它具有对象定义中的基本特征，包括属性、方法等。

1．对象的定义

JavaScript 对象的定义，其基本格式如下。

```
Function Object（属性表即 prop1,prop2,…）
{This.attr1=prop1;
This.attr2=prop2;
...
This.method1=FunctionName1;
This.method2=FunctionName2;
...}
```

在一个对象的定义中，可以为该对象指明其属性和方法。例如，创建一个教师（teacher）对象，把每一个教师当作一个具有属性和方法的对象。每位教师都有一个工号、姓名、所属系名、入校时间及个人主页等属性，具体定义如下。

```
Function teacher(num,name,dept,enterDate,URL)
{This.num=num;
This.name=name;
This.dept=dept;
This.enterDate=enterDate;
This.URL=URL;}
```

其基本含义如下。

● num——教师的工号。
● name——教师的姓名。
● dept——教师所属的系名称。
● enterDate——记载 Teacher 对象的入校日期。
● URL——该属性指向一个网址。

2．创建对象实例

一旦对象定义完成后，即可为该对象创建一个实例，格式如下。

```
NewObject=New object();
```

其中，NewObject 是新的对象（object）实例，object 为已经定义好的对象。例如：

```
T1=New teacher("1001","张强","计算机系","1997-07-12", "http://www.bigc. edu.zcn/
zhangqiang")
    T2=New teacher("1010","刘红云","电子系","1998-12-11", "http://www.bigc. edu.cn/
liuhongyun")
```

3．对象方法的使用

在对象中除了使用属性外，有时还需要使用方法。在对象的定义中，通过语句

```
This.methodname=FunctionName;
```

实现了所定义对象的方法。

关于对象的方法的具体内容用一个函数 FunctionName 来定义，通过该函数实现对所定义的对象的各种操作即方法。

例如，在 teacher 对象中增加一个方法，该方法是显示教师本身的信息。

```
functionteacher(num,name,dept,enterDate,URL)
{This.num=num;
This.name=name;
This.dept=dept;
This.enterDate=enterDate;
This.URL=URL;
This.displayteacher=displayteacher;}
```

其中 This.displayteacher 就是定义了一个方法——displayteacher()。而 displayteacher()方法实现了 teacher 对象本身的显示。

```
function displayteacher()
{
for (var attr in this)
alert(attr +"="+this[attr]+"");
}
```

其中 alert 是 JavaScript 中的内部函数，显示相关信息。

例 17-15　用 JavaScript 创建一个新的对象即教师对象，代码如下。

```
<html>
<head>
<title>自定义对象</title>
<script language="javascript">
function teacher(num,name,dept,enterDate,url)
{
this.num=num;
this.name=name;
this.dept=dept;
this.enterDate=enterDate;
this.url=url;
```

```
this.displayteacher=displayteacher;
}
function displayteacher()
{
for(var attr in this)
document.write(attr + "=" + this[attr]+ "<br>");
}
var t1=new teacher("1","张强","计算机系","1992-12-14",
"http://www.bigc.edu.cn/zhangqiang");
t1.displayteacher();
</script>
</head>
<body>
</body>
</html>
```

程序运行结果如图 17-15（a）所示。

说明：显示教师对象信息的灰底部分代码使用了 for-in 语句。该语句是在对象上的一种应用，用于循环访问一个对象的所有属性。

灰底部分的代码也可改为下面的形式，即用 with 语句逐个输出，运行结果相似，如图 17-15（b）所示。

```
with(document)
 {
write(this.num + "<br>");
write(this.name + "<br>");
write(this.dept + "<br>");
write(this.enterDate+"<br>");
write(this.url + "<br>");
 }
```

(a)　　　　　　　　　　　　　(b)

图 17-15　自定义 teacher 对象

17.2　JavaScript 的事件处理方式

在客户端脚本中，JavaScript 同 VBscript 一样，均是通过对事件进行响应来获得与用户的交互。例如,当用户单击一个按钮或在某段文字上移动鼠标时,就触发了一个单击事件或鼠标移动事件,通过对这些事件的响应,可以完成特定的功能(如单击按钮弹出对话框,鼠标移动到文本上后文本变色等)。事件(event)在此的含义也是用户与 Web 页面交互时产生的操作。当用户进行单击按钮等操作时,即产生了一个事件,需要浏览器进行处理。浏览器响应事件并进行处理的过程称为事件处理,进行这种处理的代码称为事件响应函数。

17.2.1 JavaScript 的常用事件

JavaScript 提供了较多的事件,例如,在前面已经使用过的 onClick 事件,它表示鼠标单击时产生的事件。表 17-16 简单描述了网页中的主要事件。

表 17-16 网页中的主要事件

事　件	描述(即事件何时被激活)	常应用的对象
onclick	鼠标单击事件	button、checkbox、image、link、radio、reset、submit 等对象
onmousedown	用户把鼠标放在对象上按下鼠标键时	button 和 link 对象
onmouseup	松开鼠标键时,参考 onmousedown 事件	button 和 link 对象
onmouseover	鼠标移动到某个对象上	link 对象
onmouseout	鼠标离开对象的时候	link 对象
onkeydown	按下一个键	form、image、link 等对象
onkeyup	松开一个键	form、image、link 等对象
onkeypress	按下然后松开一个键	form、image、link 等对象
onfocus	焦点到一个对象上	window、form 对象
onblur	从一个对象上失去焦点时	window、form 对象
onchange	文本框内容改变事件	text、textarea、select、password 等对象
onselect	文本框内容被选中事件	text、textarea、password 等对象
onerror	错误发生时,它的事件处理程序就称为"错误处理程序"	window 对象
onload	载入网页文档,在 HTML 中指定事件处理程序时,将它写在\<body\>中	window 对象
onUnload	卸载网页文档或关闭窗口,与 onload 一样,需要写在\<body\>中	window 对象
onresize	窗口被调整大小时	window 对象
onScroll	滚动条移动事件	window 对象
onHelp	打开帮助文件触发的事件	window 对象
onsubmit	表单的"提交"按钮被单击时	form 对象
onreset	表单的"重置"按钮被单击时	form 对象

在实际的网页编程中,有的事件可以作用在网页的不同对象上,有的则只能作用在一些固定的对象上;另外,在网页编程中还会用到更多的脚本事件,在此不再一一列举。

17.2.2　事件处理

实际上，编写脚本的目的就是处理事件。JavaScript 的事件过程都以 on 开头，如 Click 事件要写成 onClick。JavaScript 的事件处理通常有以下几种方法。

1．直接在 HTML 标签中指定

这种方法使用最普遍。

例 17-16　当进入页面时，显示欢迎信息；退出网页时，显示相关信息。代码如下。

```html
<html>
<head>
<title>处理加载卸载事件</title>
</head>
<body onload="alert('欢迎光临!')" onunload="confirm('真的要退出页面，请单击确定。')">
</body>
</html>
```

程序的运行结果如图 17-16 所示。

图 17-16　装载与卸载网页事件的效果

例 17-17　文本框内容改变 onChange 事件的应用，代码如下。

```html
<html>
<head>
<title>onChange 事件</title>
</head>
<body>
<form>
<input type="text" name="change" value="欢迎光临" onchange=alert("文本框的内容改变
了")>
</form>
</body>
</html>
```

程序的运行结果如图 17-17 所示。

图 17-17　文本框的内容改变事件效果

当文本框的文字（"欢迎光临"）改变时，会触发 onChange 事件。

2．编写特定对象特定事件的 JavaScript

这种方法用得比较少，但在某些场合使用较方便，格式如下。

```
<script language="JavaScript" for="对象" event="事件">
...
(事件处理程序代码)
...
</script>
```

例 17-18　用该方法实现例 17-16 的功能，代码如下。

```
<html>
<head>
<title>处理加载卸载事件</title>
<script language="javascript" for="window" event="onload">
 alert("欢迎光临!");
</script>
<script language="JavaScript" for="window" event="onUnload">
 confirm("真的要退出页面，请单击确定。");
</script>
</head>
<body>
</body>
</html>
```

运行结果如图 17-16 所示。

3．利用事件调用函数

利用事件调用函数即定义一个函数，该函数是用于处理事件的代码。

例 17-19　将例 17-16 改成事件调用函数的形式，代码如下。

```
<html>
<head>
<title>处理加载卸载事件</title>
<script language="javascript">
<!--
```

```
function comein(){
 alert("欢迎光临!");
}
function out(){
 confirm("真的要退出页面，请单击确定。");
}
-->
</script>
</head>
<body onload="comein()" onunload="out()">
</body>
</html>
```

例 17-20　onFocus 聚焦事件的应用，代码如下。

```
<html>
<head>
<title>onFocus 事件</title>
<script language="javascript">
<!--
function like(){
 alert("祝贺选择成功!");
}
-->
</script>
</head>
<body>
<form>
籍贯:
<select name="list1" size=3 onFocus="like()">
<option value="北京">北京</option>
<option value="上海">上海</option>
<option value="天津">天津</option>
<option value="广州">广州</option>
</select>
</form>
</body>
</html>
```

程序的运行结果如图 17-18 所示。

图 17-18　onFocus 事件效果图

说明：

```
<select name="list1" size=3 onFocus="like()">
```

该行代码表示当网页中的元素获得焦点时，该对象的 onFocus 事件就会被激活，函数 like() 中的代码被执行，即弹出对话框"祝贺选择成功！"。

例 17-21 页面交互功能的应用——通过用户的输入显示用户的信息，代码如下。

```
<html>
<head>
<title>onblur 的应用</title>
<script language="JavaScript">
function getname(str)
{
alert("Hello, "+str+" 欢迎光临本站! ");
}
</script>
</head>
<body>
请输入您的姓名：
<form>
<input type="text" name="name" onBlur="getname(this.value)" value="">
</form>
</body>
</html>
```

程序的运行结果如图 17-19 所示。

图 17-19　onBlur 的应用效果

说明：

```
<input type="text" name="name" onBlur="getname(this.value)" value="">
```

该行代码产生一个文本框，在文本框中输入信息，当离开文本框时（即文本框对象失去焦点时）激活相应的事件代码，即函数 getname 运行。利用 this 运算符引用当前对象，this.value 将文本框中输入的信息作为实参传给函数 getname。故输出相应的欢迎信息。

例 17-22 跑马灯特效的实现，代码如下。

```
<html>
<head>
```

```
<title>跑马灯</title>
<script language="javascript">
var msg="这是跑马灯，我跑啊跑啊啊跑！"    //跑马灯的文字
var interval=400;          //跑动的速度
var seq=0;
function lenscroll()
{
    document.nextForm.lentext.value=msg.substring(seq,msg.length)
+""+msg;
seq++;
if(seq>msg.length)
seq=0;
    window.setTimeout("lenscroll();",interval);   //指定毫秒时间后调用函数
}
</script>
</head>
<body onload="lenscroll()">
<center>
<form name="nextForm">
<input type="text" name="lentext">
</form>
</center>
</body>
</html>
```

程序的运行结果如图 17-20 所示。

图 17-20　跑马灯特效的结果

 习题

1. 选择题

① 下列属于网页导入事件的是（　　　）。

A．onClick　　　　　　B．onChange　　　　　　C．onLoad　　　　　　D．onBlur

② 在名为 window2 的新窗口中打开一个链接为 http://www.new.edu 的 JavaScript 语句是（　　）。

A．open.new("http://www.new.edu", "window2")

B．window.open("http://www.new.edu", "window2")

C．new("http://www.new.edu", "window2")

D．new.window("http://www.new.edu", "window2")

③ 下列属于鼠标移开事件的是（　　　）。

A．onMouseOut　　　　　B．onClick　　　　　C．onSelect　　　　　D．onMouseOver

④ 将一个名为 test()的函数和一个按钮的单击事件关联起来的正确用法是（　　　）。

A．<input type="button" value="测试" ondbclick="test()">

B．<input type="button" value="测试" onclick="test()">

C．<input type="button" value="测试" onkeydown="test()">

D．<input type="button" value="测试" onBlur="test()">

2．上机题

① 实现一个将所给的文字信息生成旋转变化效果的网页。

② 当装载网页时，弹出一个对话框，显示向用户问好的信息；当用户单击按钮时，显示信息："谢谢您的合作！"

③ 用 JavaScript 创建一个新的对象，即学生对象。每个学生都有一个学号、姓名、所学专业、入校时间及个人主页等属性。

④ 检验用户输入。编写一个用户注册的简单 HTML 页面，该页面信息包括用户名和密码，要求用户名不能为空。

⑤ 利用 JavaScript 编写如图 17-21 所示网页效果的程序。

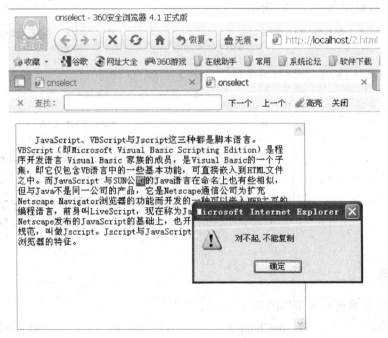

图 17-21　网页效果图

第18章

Web 前端新技术

——响应式网页的设计与实现

　　近年来，各种移动智能设备的广泛应用，带动了互联网应用向移动平台方向发展，并呈现多元化的趋势。越来越多的用户拥有智能手机、平板电脑、智能手表等多种移动设备，由于这些移动互连设备屏幕尺寸相对于 PC 的屏幕尺寸较小，所以大部分在 PC 上显示的页面并不能很好地在移动互连设备上直接呈现。由于各种各样的设备屏幕的分辨率、尺寸和型号越来越多，要在不同屏幕、不同系统平台等环境下保持网页布局的一致性，满足用户的一致体验已成为网页设计行业发展方向。基于 Bootstrap 框架的响应式网页设计就是一种全新的设计理念，根据这一理念所制作出来的网页框架可以作为通用模板，开发者根据需求选择模板，从而设计出适应不同设备的网站，增强用户体验。

18.1　响应式网页技术

响应式网页设计（Responsive Web Design，RWD），是由伊桑·马科特（Ethan Marcotte）提出的。所谓"响应式网页设计"就是自动适应，它可以自动识别屏幕尺寸，从而调整出适合的网页。在做网页页面设计时，非常强调模块化的设计，要求一个合格的模块能够做到"可扩展、无侵染"，在任何移动终端上都能正常显示。响应式网页在任何设备中都能够正常适配，而不用为每个设备单独做"子网站"。简而言之，就是一个网站能够兼容多个终端，而不是为每个终端做一个特定的版本。这样，就不必为新设备做特定的版本设计和开发。

响应式设计的网站能满足各种类型终端用户的需求，带给所有终端用户最优的访问体验。当然，专为手机或平板电脑设计的网站也能满足部分访问者的需求，但据调查得知，常用的移动终端设备有 200 多种不同的屏幕尺寸，设计者不可能为所有屏幕尺寸都设计一个独有的网站。因此，响应式设计就显得尤为重要。一个在手机上不能正常显示的网站只会给企业带来负面影响，给用户带来很差的用户体验。

18.2　前端开发框架

前端开发框架是指一系列产品化的 HTML/CSS/JavaScript 组件的集合，Web 前端工程师可以在设计中使用该开发框架。利用框架，可以花最少的力气创建响应式且符合用户要求标准的网站，整个开发流程都变得简单并且具有一致性。框架并不仅仅是指 CSS、栅格之类的一些内容，它们包括的是整套的前端开发框架。

目前前端开发框架有很多，下面主要介绍其中几种常用的框架。

① Bootstrap 是目前桌面端最为流行且用得最广泛的开发框架，一经 Twitter 推出，势不可当。Bootstrap 主要针对桌面端市场，Bootstrap3 提出移动优先，不过目前桌面端依然还是 Bootstrap 的主要目标市场。Bootstrap 主要基于 jQuery 进行 JavaScript 处理，支持 LESS 来做 CSS 的扩展。如果想要在 Bootstrap 框架中使用 Sass，则需要通过 Bootstrap-Sass（https://github.com/thomas-mcdonald/bootstrap-sass）项目增加兼容。

Bootstrap 框架在布局、版式、控件、特效方面都让人非常满意，都预置了丰富的效果，极大方便了用户开发；在浏览器兼容性方面，目前 Firefox、Chrome、Opera、Safari、IE8+等主流浏览器 Bootstrap 都提供支持；在框架扩展方面，随着 Bootstrap 的广泛使用，扩展插件和组件也非常丰富，涉及显示组件、兼容性、图表库等各个方面。总之，Bootstrap 提供一套优美、直观的 Web 设计工具包和很多流行的样式简洁的 UI 组件、栅格系统，以及一些常用的 JavaScript 插件，可以用来开发跨浏览器兼容且美观大气的页面。

② Kube　Kube 不仅简单，而且小，具有很强的自适应能力，是响应式的 CSS 框架。它拥有最新、最炫的网格和漂亮的字体排版，没有任何样式绑定，给用户以绝对的自由。

③ Foundation 是 ZURB 旗下的主要面向移动端的开发框架，但也保持对桌面端的兼容，目前已经更新到 Foundation4 版本。它是一款强大的、功能丰富的且支持响应式布局的前端开发框架。框架主要采用 jQuery 和 Zepto（语法类似 jQuery，但比 jQuery 更轻量级）作为

JavaScript 基础，CSS 则基于 Sass、Compass，有着很好的扩展性，并有着丰富的布局、版式和多种多样的控件与特效，非常方便开发者使用。控件的响应式效果也帮助用户识别不同浏览器效果。

④ 52Framework 是一个 Web 开发框架，它能实现 HTML5 和 CSS3。它是一个跨浏览器的框架，可以在所有主流的浏览器上运行。它集合了很多优秀的组件，如 HTML5 视频播放器、HTML5 Canvas、HTML5 认证表单等。

⑤ Groundwork 是一个响应式的 HTML5、CSS 和 JavaScript 框架，是基于 Sass 预处理器的开源项目。Groundwork 提供多种 UI 组件，如导航、按钮、图标、表单、Tabs、对话框、工具提示等，可以创建适应多种浏览设备的布局。

⑥ Gumby 基于 Sass 开发，是一款出色的响应式 CSS 框架，它包括一个 Web UI 工具包，有按钮、表格、导航、标签、JS 插件等。

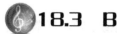 18.3　Bootstrap 框架

18.3.1　框架简介

Bootstrap 框架来自 Twitter，是一个 CSS/HTML 框架，由 Twitter 的设计师 Mark Otto 和 Jacob Thornton 合作开发的。它基于 HTML、CSS、JavaScript 技术，简洁灵活，使得 Web 开发更加快捷。Bootstrap 框架推出后颇受欢迎，一直是 GitHub 上的热门开源项目，包括 NASA 的 MSNBC（微软全国广播公司）的 Breaking News 都使用了该项目，是目前欧美国家中最流行的前端框架。

Bootstrap 框架提供了如下重要的特性。

- 一套完整的基础 CSS 插件。
- 丰富的预定义样式表。
- 一组基于 jQuery 的 JavaScript 的插件集。
- 一个非常灵活的响应式（Responsive）栅格系统，并且崇尚移动先行（Mobil　First）的思想。

Bootstrap 框架中包含丰富的组件，其中包括下拉菜单、按钮组、按钮式下拉菜单、导航条、分页、排版、缩略图、警告对话框、进度条等，根据这些组件，可以快速搭建一个风格简约、功能完备的网站。并且，Bootstrap 框架自带了一组 jQuery 交互插件，包括模式对话框、标签页、滚动条、弹出框等，不但功能完善，而且十分精致，正在成为众多 jQuery 项目的默认设计标准。而这些模块化的组件也易于修改，通过修改变量就可以形成自己的独特风格。

18.3.2　Bootstrap 框架特点

1. 移动设备优先

在 Bootstrap2 版本中，对框架的某些关键部分增加了对移动设备友好的样式。而在 Bootstrap 3 版本中，则重写了整个框架，使其开始就很好地支持移动设备。不是通过简单地

增加一些可选的针对移动设备的样式，而是将对移动设备友好的理念直接融合进框架的内核中，即 Bootstrap 基于移动设备优先。使用智能手机浏览 PC 端网站时，一般会自动缩放到适合的宽度使视口（视口是指移动设备中的屏幕窗口）能显示完整页面，但这样会使文字变得很小，浏览内容不方便。为了确保适当的绘制和触屏缩放，可以在<head>中通过设置 meta 标签的 viewport 属性，设定加载网页时以原始的比例显示网页，即：

```
<meta name="viewport" content="width=device-width, initial-scale=1.0">
```

在移动设备浏览器上，通过为视口（viewport）设置 meta 属性为 user-scalable=no 可以禁用其缩放（zooming）功能。这样禁用缩放功能后，用户只能滚动屏幕，这样就能让网站看上去更像原生应用的感觉，具体代码如下。

```
<meta name="viewport" content="width=device-width, initial-scale=1,
maximum-scale=1, user-scalable=no">
```

2. 流式栅格系统

Bootstrap 框架为用户提供了一套响应式、移动设备优先的流式栅格系统，随着屏幕或视口（viewport）尺寸的变化，系统会自动分为最多 12 列，它包含了易于使用的预定义类（如.row 和 .col-xs-4），还有强大的 mixin 用于生成更具语义的布局。

栅格系统用于通过一系列的行（row）与列（column）的组合来创建页面布局，网页的内容就可以放入这些创建好的布局中。表 18-1 可体现 Bootstrap 的栅格系统是如何在多屏幕设备上工作的。

表 18-1　栅格尺寸标准及实现设置

	超小屏幕设备 手机（<768px）	小屏幕设备 平板电脑（>=768px）	中等屏幕 桌面显示器（>=992px）	大屏幕 大桌面显示器（>=1200px）
栅格系统行为	总是水平排列	开始是堆叠在一起的,当大于这些阈值将变为水平排列	同左	同左
最大.container 宽度	None(自动)	750px	970px	1170px
class 前缀	.col-xs-	.col-sm-	.col-md-	.col-lg-
列（column）数	12	12	12	12
最大列（column）宽	自动	62px	81px	97px
槽（gutter）宽	30px(每列左右均有 15px)	同左	同左	同左
可嵌套	是	是	是	是
偏移(offsets)	是	是	是	是
列排序	是	是	是	是

"行（row）"必须包含在 .container（固定宽度）或 .container-fluid（100% 宽度）中，以便为其赋予合适的排列（alignment）和内补（padding）。通过"行（row）"在水平方向创建一组"列（column）"。网页内容放置于"列（column）"内，并且只有"列（column）"可以作为"行（row）"的直接子元素。栅格系统中的列是通过指定 1～12 的值来表示其跨越的范围。例如，3 个等宽的列可以使用 3 个.col-xs-4（指超小屏幕，如手机设备）来创建，后面

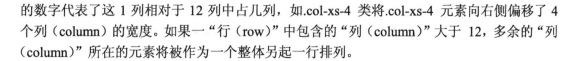

的数字代表了这 1 列相对于 12 列中占几列，如.col-xs-4 类将.col-xs-4 元素向右侧偏移了 4 个列（column）的宽度。如果一"行（row）"中包含的"列（column）"大于 12，多余的"列（column）"所在的元素将被作为一个整体另起一行排列。

3. 布局容器

Bootstrap 需要为页面内容和栅格系统包裹一个.container 的容器。Bootstrap 提供了两个类：.container 类和.container-fluid 类。由于 padding 等属性的原因，这两种容器类不能互相嵌套。

.container 类用于固定宽度并支持响应式布局的容器，即：

```
<div class="container">
  ...</div>
```

.container-fluid类用于100% 宽度，占据全部视口（viewport）的容器，即：

```
<div class="container-fluid">
  ...</div>
```

本章"数字媒体技术专业介绍网站"案例中用到的布局容器代码如下。

```
<div class="top"><img title="" alt="" src="images/index_02.png"></div>
<div class="header">
    <div class="container">
        <div class="header-main">

                <div class="head-right">
                <div class="top-nav">
                        <span class="menu"><img src="images/icon.png" alt=""/>
</span>
                    <ul class="res">
                    <li><a class="active" href="index.html">首页</a></li>
                    <li><a href="about.html">发展历程</a></li>
                    <li><a href="profess.html">专业背景</a></li>
                    <li><a href="work.html">专业设置</a></li>
                    <li><a href="artcile.html">研究内容</a></li>
                    <li><a href="answer.html">从业分析</a></li>
                    <li><a href="contact.html">开设院校</a></li>
                <div class="clearfix"></div>
```

4. 媒体查询

媒体查询是实现响应式的核心元素。在媒体查询部分，主要适配 PC、手机、平板电脑 3 种设备。通过在 Less 文件中使用媒体查询（Media Query）来创建关键的分界点阈值。Bootstrap 为不同的屏幕尺寸分别定义了 4 种情况，分别是：小屏幕手机设备（<768px）、小屏幕平板电脑设备（≥768px）、中等屏幕（≥992px）、大屏幕（≥1200p x）。在它的样式中，前缀分别是 xs、sm、md、lg。实现代码如下。

- 超小屏幕（手机，小于 768px）没有任何媒体查询相关的代码，因为在 Bootstrap 中是默认配置（Bootstrap 是移动设备优先）。

- 小屏幕（平板电脑，大于或等于 768px） @media (min-width: @screen-sm-min) { ... }
- 中等屏幕（桌面显示器，大于或等于 992px）@media (min-width: @screen-md-min) { ... }
- 大屏幕（大桌面显示器，大于或等于 1200px）@media (min-width: @screen-lg-min) { ... }

在实际应用中，可以通过在媒体查询代码中包含 max-width，从而将 CSS 的影响限制在更小范围的屏幕大小之内，实现代码如下。

```
@media (max-width: @screen-xs-max) {...}
@media (min-width: @screen-sm-min) and (max-width: @screen-sm-max) {...}
@media (min-width: @screen-md-min) and (max-width: @screen-md-max) {...}
```

实现网页的响应式布局离不开媒体查询，Bootstrap 优势之一就在于它提供了相应的查询代码。Bootstrap 框架为使用者提供了大量现成的代码片段，利用该框架进行响应式页面布局，我们不必花费很多时间进行重新编码，只要找到合适的代码，插入到相应位置即可。

18.3.3 Bootstrap 环境安装

Bootstrap 的安装非常方便，框架的文件和源码可在其官方网站 http://www.getbootstrap.com/下载，本节将讲解如何下载并安装 Bootstrap，讨论 Bootstrap 文件结构。

1. 下载 Bootstrap

打开官网首页，如图 18-1 所示，单击"Download Bootstrap"按钮，跳转到如图 18-2 所示的下载页面。

进入下载页面后，可以看到 3 个下载链接。

图 18-1 官网首页   图 18-2 3 个下载链接

- Download Bootstrap：从该链接下载的内容是编译后可以直接使用的文件。默认情况下，下载后的文件分两种：一种是未经压缩的文件 bootstrap.css；另一种是经过压缩处理的文件 bootstrap.min.css。
- Download source：从该链接下载的是用于编译 CSS 的 Less 源码，以及各个插件的 JS 源码文件。
- Download Sass：从该链接下载的是用于编译 CSS 的 Sass 源码，以及各个插件的 JS 源码文件。

2. 文件结构

由 Download Bootstrap 下载的是 Bootstrap 的预编译的版本，预编译的 Bootstrap，解压

缩 ZIP 文件后将看到如图 18-3 和图 18-4 所示的文件/目录结构：

css	2015/11/24 19:34	文件夹
fonts	2015/11/24 19:34	文件夹
js	2015/11/24 19:34	文件夹

图 18-3　Bootstrap 解压文件夹

```
bootstrap/
├── css/
│     ├── bootstrap.css
│     ├── bootstrap.min.css
│     ├── bootstrap-theme.css
│     └── bootstrap-theme.min.css
├── js/
│     ├── bootstrap.js
│     └── bootstrap.min.js
└── fonts/
      ├── glyphicons-halflings-regular.eot
      ├── glyphicons-halflings-regular.svg
      ├── glyphicons-halflings-regular.ttf
      └── glyphicons-halflings-regular.woff
```

图 18-4　文件结构

在图 18-4 中可以看到已编译的 CSS 和 JS（bootstrap.*），以及已编译压缩的 CSS 和 JS（bootstrap.min.*）。同时也包含了 Glyphicons 字体，这是一个可选的 Bootstrap 主题。

3. Bootstrap 源代码

由 Download source 和 Download Sass 下载的是 Bootstrap 源代码，Download source 下载的文件结构如图 18-5 所示。

```
├── less/
├── js/
├── fonts/
├── dist/
│     ├── css/
│     ├── js/
│     └── fonts/
├── docs-assets/
├── examples/
└── *.html
```

图 18-5　Download source 文件结构

- less/、js/ 和 fonts/ 下的文件分别是 Bootstrap CSS、JS 和字体的源代码。
- dist/文件夹包含了图 18-4 中所列的文件和文件夹。
- docs-assets/、examples/和所有的*.html 文件是 Bootstrap 文档。

18.4　基于数字媒体技术专业网站的设计与实现

18.4.1　美术设计

响应式设计的原则通常是移动设备优先，在此基础上确定网页在 PC 等较大屏幕的显示，这导致页面设计通常更倾向于移动端，弱化了非移动端用户的视觉体验。鉴于本案例网站目前主要是非移动设备访问，故在"数字媒体技术专业介绍"主页的美术设计上仍优先采用计算机版本，兼顾移动设备的理念。结合响应式网页设计中的流体栅格要素，设计稿如图 18-6、图 18-7 所示。

图 18-6　计算机版设计稿

图 18-7 手机版设计稿

18.4.2　首页的设计

本网站的外观设计需要兼顾外在、内在、前端和后台的需求。在本次主页规划中，删除了原有网站多余的元素，对页面内容模块和功能模块进行改良，如图 18-8 所示，将页面元素归纳为头部导航区、内容区、页脚导航区 3 个主要部分。其中，头部导航区包括 LOGO、搜索条、主菜单等；内容区包括大图展示、人机交互、虚拟现实、影视后期等专业方向的介绍；页脚导航区则为简单的文字和图片组合。

图 18-8　数字媒体技术网站首页

18.4.3　Bootstrap 导航

导航栏是一个很好的功能，是 Bootstrap 网站的一个突出特点。导航栏在应用或网站中作为头部导航区的响应式基础组件。导航栏在移动设备的视图中是折叠的，随着可用视口宽度的增加，导航栏也会水平展开。Bootstrap 导航栏中包括了站点名称和基本的导航定义样式。如图 18-9 所示为数字媒体技术网站在 PC 端的导航条。

图 18-9　PC 端导航条

创建一个默认的导航栏的步骤如下。

- 在<nav>标签添加 class.navbar、.navbar-default。
- 在<nav>标签中添加 role="navigation"，有助于增加可访问性。
- 添加 class .nav、.navbar-nav 的无序列表即可实现导航链接。

数字媒体专业介绍网站案例中的导航条代码如下。

```
<nav class="navbar navbar-default" role="navigation">
  <div class="nav navbar-nav">
        <ul class="nav navbar-nav">
            <li><a href="#" class="" >首页</a></li>
            <li><a href="#" class="" > 发展历程 </a></li>
            <li><a href="#" class="" > 专业背景 </a></li>
            <li><a href="#" class="" > 专业设置 </a></li>
            <li><a href="#" class="" > 研究内容 </a></li>
            <li><a href="#" class="" > 从业分析 </a></li>
            <li><a href="#" class="" > 开设院校 </a></li>
        </ul>
  </div>
</nav>
```

18.4.4　网页内容区

1. HTML 标准

Bootstrap 框架使用到众多 HTML5 属性和 CSS3 样式。在网站制作中的每个页面都要参照下面的格式进行设置。

```
<!DOCTYPE html><html lang="zh-CN">
  ...
</html>
```

一个使用了 Bootstrap 的基本 HTML 模板如下。

```
<!DOCTYPE html>
<html>
```

```
<head>
<title>Bootstrap 模板</title>
<meta name="viewport" content="width=device-width, initial-scale=1.0">
<!-- 引入 Bootstrap -->
<link href="http://apps.bdimg.com/libs/bootstrap/3.3.0/css/bootstrap.min.css"
rel="stylesheet">
<!-- HTML5 Shim 和 Respond.js 用于让 IE8 支持 HTML5 元素和媒体查询 -->
<!-- 注意：如果通过 file:// 引入 Respond.js 文件，则该文件无法起效果 -->
<!--[if lt IE 9]>
<script src="https://oss.maxcdn.com/libs/html5shiv/3.7.0/html5shiv.js">
</script>
<script src="https://oss.maxcdn.com/libs/respond.js/1.3.0/respond.min.js">
</script>
<![endif]-->
</head>
<body>
......
<!-- jQuery (Bootstrap 的 JavaScript 插件需要引入 jQuery) -->
<script src="https://code.jquery.com/jquery.js"></script>
<!-- 包括所有已编译的插件 -->
<script src="js/bootstrap.min.js"></script>
</body>
</html>
```

在上述代码的灰底部分，可以看到包含了 bootstrap.min.css、jquery.js 和 bootstrap. min.js 文件，这样生成的 HTML 文件就符合了 Bootstrap 框架。

例 18-1　利用 Bootstrap 框架输出 " Hello，world! "，代码如下。

```
<!DOCTYPE html>
<html>
<head>
<title> Bootstrap 框架示例</title>
<link href="http://apps.bdimg.com/libs/bootstrap/3.3.0/css/bootstrap.min.css"
rel="stylesheet">
<script src="http://apps.bdimg.com/libs/jquery/2.0.0/jquery.min.js"></script>
<script
src="http://apps.bdimg.com/libs/bootstrap/3.3.0/js/bootstrap.min.js"></script>
</head>
<body>
<h1>Hello, world!</h1>
</body>
</html>
```

运行结果如图 18-10 所示。

图 18-10　运行截图

2. 响应式图片

通过在<img>标签添加.img-responsive 类来让图片实现响应式设计。.img-responsive 类将 max-width: 100%; 和 height: auto; 样式应用在图片上。

下面定义.img-responsive 类中包含的 CSS 属性。

```
.img-responsive {
  display: inline-block;
  height: auto;
  max-width: 100%;
}
```

说明：

① max-width: 100%; 和 height: auto; 属性可以让图像按比例缩放，不超过其父元素的尺寸。

② 设置元素的 display 属性设置为 inline-block，将对象呈递为内联对象，但是对象的内容作为块对象呈递，旁边的内联对象会被呈递在同一行内，允许空格。也就是说，应用此特性的元素呈现为内联对象，周围元素保持在同一行,但可以设置对象块的宽度和高度属性。

③ 设置 height:auto 相关元素的高度取决于浏览器。

④ 设置 max-width 为 100% 定义基于包含它的块级对象的百分比最大宽度。这让图片更友好地支持响应式布局。

例 18-2　实现图片（"数字媒体技术.jpg"）的响应式案例，代码如下。

```
<!DOCTYPE html>
<html>
<head>
<meta name="viewport" content="width=device-width, initial-scale=1">
<link rel="stylesheet"
href="http://apps.bdimg.com/libs/bootstrap/3.3.0/css/bootstrap.min.css">
</head>
<body>
<div class="container">
<h2>图片</h2>
<p> .img-responsive 类让图片支持响应式，将很好地扩展到父元素 (通过改变
窗口大小查看效果):</p>
<img src="数字媒体技术.jpg" class="img-responsive" alt="Cinque Terre"
width="500" height="300">
</div>
<script src="http://apps.bdimg.com/libs/jquery/2.1.1/jquery.min.js">
```

```
</script>
<script src="http://apps.bdimg.com/libs/bootstrap/3.3.0/js/bootstrap.min.js">
</script>
</body>
</html>
```

运行效果如图 18-11 所示。

图 18-11　响应式图片

3. 响应式视频

在实现视频响应式的过程中，使用 Bootstrap 组件中具有响应式特性的嵌入内容无疑是最方便的。通过.embed-responsive 来进行基本框架的构建，然后通过<iframe>、<embed>、<video>、<object>插入视频，最后，加上.embed-responsive-item 标签就实现了嵌入视频的响应式。

说明：

① embed-responsive——指定该 div 为具有响应式特性的嵌入内容的组件。

② embed-responsive-16by9、.embed-responsive-4by3——指定组件内元素宽高比分别为16：9、4：3。

③ embed-responsive-item——指定组件内的元素的最终样式与其它属性相匹配；

例 18-3　在数字媒体技术专业介绍网站中实现视频（"虚拟现实.mp4"）的响应式案例，代码如下。

```
<!DOCTYPE html>
<html>
<head>
    <title>视频</title>
    <meta name="viewport"content="width=device-width,initial-scale=1">
    <link
href="http://apps.bdimg.com/libs/bootstrap/3.3.0/css/bootstrap.min.css"
rel="stylesheet">
</head>
<body>
<div class="embed-responsive embed-responsive-4by3">
```

```
        <iframe class="embed-responsive-item" src="videos/虚拟现实.mp4"
type="video/mp4" allowfullscreen="true" frameborder="0" height="498"
width="510">
</iframe>
</div>
</body>
</html>
```

运行效果如图 18-12 所示。

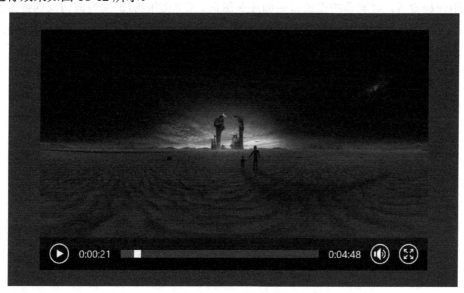

图 18-12　响应式视频

18.4.5　页脚导航区

作为响应式网页的 3 个主要部分之一的页脚导航区，就是将固定高度的页脚紧贴页面底部，可以在页脚区添加版权、备案、友情链接、联系方式等内容。

数字媒体技术专业介绍网站的页脚导航区代码如下。

```
<div id="footer" class="container">
<nav class="navbar navbar-default navbar-fixed-bottom">
    <div class="navbar-inner navbar-content-center">
        <p style="color:#000">版权所有 BIGC 数字媒体技术专业 </p>
    </div>
</nav>
</div>
```

运行效果如图 18-13 所示。

版权所有 BIGC 数字媒体技术专业

图 18-13　页脚导航区

18.5 小结

作为一套最实用前端开发框架，Bootstrap 无疑是其中的佼佼者，其灵活性和可扩展性加速了响应式网页项目开发的进程，推动了响应式技术的发展。以 Bootstrap 为基础的响应式网页设计能够让不同移动设备兼容显示，主要是指入口页面可以自动判断不同设备、不同环境的用户行为，并根据这些不同的需求自行对页面进行响应式调整。不管访问 Web 页面的用户使用何种设备，对屏幕的摆放是横向还是纵向，页面都能够识别当前访问的终端并自动切换分辨率、图片大小及相关脚本功能，以期达到兼容各种设备的正常显示与浏览的目的，这在很大程度上避免了由于浏览设备差异进行的重复开发，不仅提高了效率，节省了大量人力、物力，也保证了 PC 端和移动端网页应用的一致性。

参 考 文 献

[1] 本书编委员. HTML/CSS/JavaScript 标准教程（第 4 版）. 北京：电子工业出版社，2013 年.

[2] 陈婉凌. 网页设计必学的实用编程技术 HML5+CSS3+JavaScript. 北京：清华大学出版社，2014.

[3] 姬莉霞. HTML5+CS3 网页设计案例教程. 北京：科学出版社，2013.

[4] 陈德春. HTML5+CSS+JavaScript 深入学习实录. 北京：电子工业出版社，2013.

[5] 郑娅峰. 网页设计与开发——HTML、CSS、JavaScript 实例教程（第 2 版）. 北京：清华大学出版社，2012.

[6] 曾顺. 精通 CSS+DIV 网页样式与布局. 北京：人民邮电出版社，2009.

[7] HTML5INPUT 新增属性[EB/OL][2016-6-21]. http://blog.sina.com.cn/s/blog_9cad4e5b01016zds.html.

[8] HTML 新增及废除属性[EB/OL][2016-6-21] . http://www.mamicode.com/info-detail-887574.html.

习题答案（选择题）

第 2 章习题

① D ② C ③ A ④ D

第 3 章习题

① C ② D ③ C ④ B

第 4 章习题

① C ② C ③ C ④ B

第 5 章习题

① B ② A ③ A ④ D

第 6 章习题

① ABD ② B ③ AD ④ ABC

第 7 章习题

① D ② ABCD ③ ABCD ④ B

第 8 章习题

① B ② AD ③ B ④ A

第 10 章习题

① A ② B ③ C

第 11 章习题

① D ② A ③ B ④ A

第 12 章习题

① C ② B ③ D ④ AD ⑤ A

第 13 章习题

① B ② A ③ C

第 14 章习题

① C ② B ③ D ④ C

第 15 章习题

① A ② B ③ C ④ D

第 16 章习题

① B ② D ③ D ④ A

第 17 章习题

① C ② B ③ A ④ B